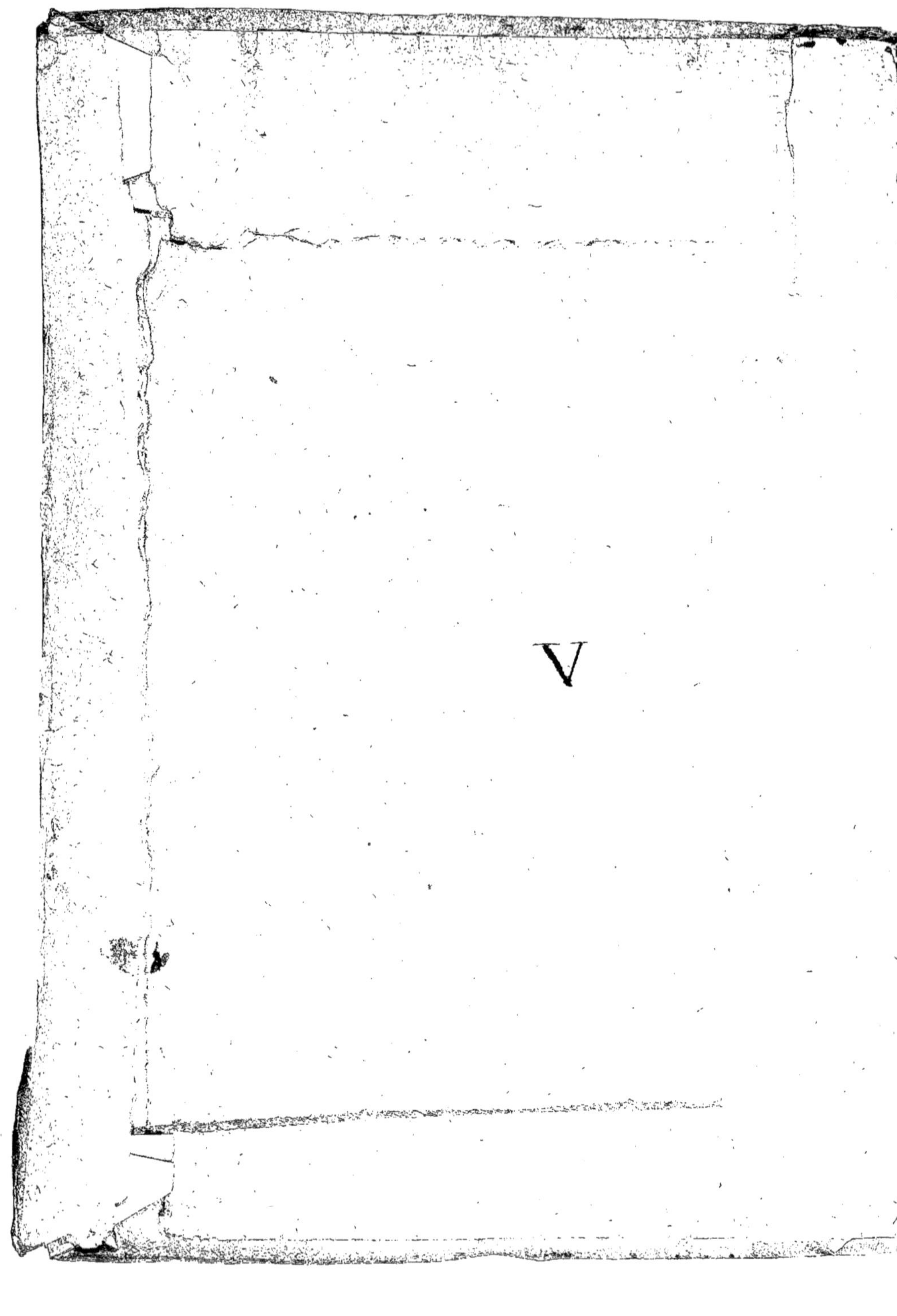

V

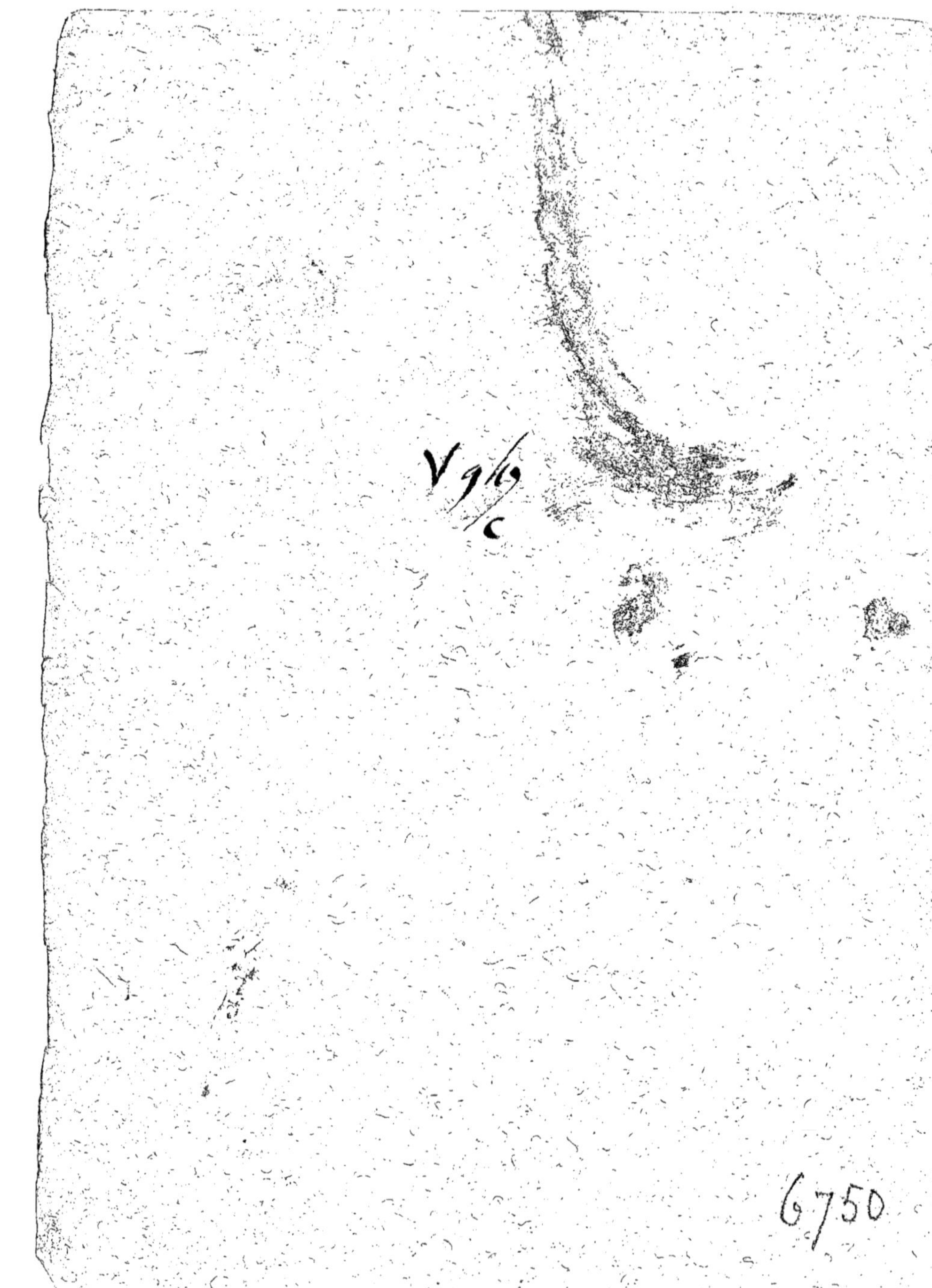
6750

L'ARITHMETIQVE

DE PIERRE DE SAVONNE
D'AVIGNON, CORRIGEE ET AVGMENTEE DE NOVVEAV, DE PLVSIEVRS BELLES

regles subtiles & breues.

Traictant de plusieurs trafficqs de marchandises, à chascun d'iceux les regles qui y sont necessaires. oultre la reduction des monnoyes, aulnages, & poids. Regles du fin d'or & d'argent & alliages de metaux. Regles de changes & escontes. Quelques remises & traittes desdits changes. Regles d'impositions de tailles. Regles de compagnie: auec plusieurs belles demandes vtiles & necessaires à l'vsage commun.

QVATRIEME EDITION.

A LYON.

PAR BARTHELEMI VINCENT.

1585

Auec priuilege du Roy.

On les vendt au logis de l'autheur.

EXTRAICT DV
Priuilege du Roy.

Vivant le priuilege du Roy il eſt permis à Pierre de Sauonne Maiſtre Arithmeticien, d'imprimer ou faire Imprimer, mettre en vente ou diſtribuer vne ou pluſieurs fois ſon Arithmetique, reueue, augmentee & corrigee de nouueau, de pluſieurs belles regles ſubtiles & breues, d'vne telle induſtrie que n'a eſté fait ni mis en lumiere ci deuant. Et fait deffence ledit Seigneur à tous Libraires & Imprimeurs, ou autres, de non Imprimer ou faire Imprimer ladite Arithmetique, vendre ne diſtribuer en ſes pays, terres & Seigneuries, ſinon du conſentemét & permiſſion dudit de Sauonne: & ce iuſques au terme de neuf ans à compter du iour & datte qu'elle aura eſté paracheuée d'Imprimer, ſur les peines à plein contenues és lettres patentes, ſur ce données à Blois le vingtquatrieme Nouembre mil cinq cens ſoixante & ſeize, & ſeelees ſur ſimple queuē, en cire iáune.　　Signees

Par le Roy en ſon conſeil

Seguier.

A MONSIEVR MANFREDO BALBANI
Gentil-homme ordinaire de la chambre du Roy de Nauarre.

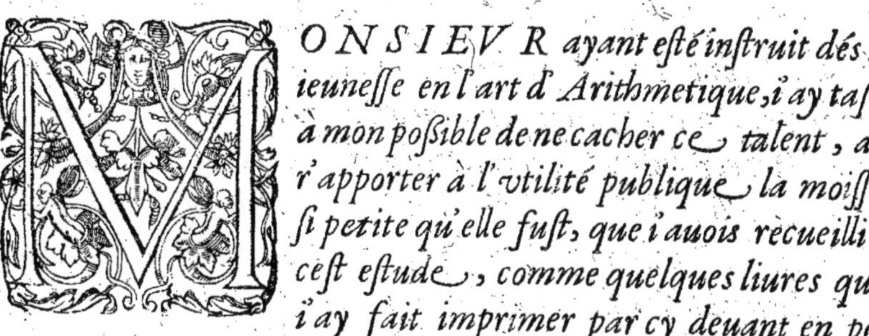

ONSIEVR ayant esté instruit dés ma ieunesse en l'art d'Arithmetique, i'ay tasché à mon possible de ne cacher ce talent, ains r'apporter à l'vtilité publique la moisson, si petite qu'elle fust, que i'auois recueilli de cest estude, comme quelques liures que i'ay fait imprimer par cy deuant en peuuent rendre tesmoignage. Et encores que ie sçache que la misere du temps auquel nous sommes, si troublé de nuageux orages obscurcisse la vertu autresfois tant esclairée par le flambeau des bonnes lettres, desquelles celles de ma profession est vne des premieres & principales, pour estre le fondement des sciences Mathematiques : & que par consequent ie preuois que i'estalle ma marchandise en vne fort pauure saison. Toutesfois considerant le proffit qu'on en peut rapporter, non seulement pour tous negoces (que ie preuoy deuoir caler auiourd'huy voile pour faire largue à tant de guerres qui nous menassent) mais bien encore son vtilité mesmes au fait de la guerre soit pour ses Thresoriers, Commissaires des viures, Mareschaux de camp & Sergens de bande qui font les payemens, preuoyent aux munitions, & dressent les bataillons des armees. I'ay pris courage: i'ay pris l'enseigne au poing

pour faire monstre de ceste mienne compagnie d' Arithmetique.
De laquelle Monsieur, ie vous ay choisy & voulu faire le chef,
afin que soubs la protection de vostre valeur & vertu elle puisse
faire au publicq quelque signalé seruice. J'espere par ce moyen
quelle fera teste aux enuieux & mesdisans qui la voudroyent def-
faire: auec l'asseurance mesmement de mes neuf premiers soldats
qui despendans, comme ils font, de l'vnité donnent tel cœur à mes
zeros, autrement vrais bisognes, & de nulle valeur qu'ils accrois-
sent & sont multipliez, par leur moyé, & en nombre, & en force
infinie, & serōt par consequent inuincibles, cōme est toute multitu-
de, quand elle est bien vnie: pourueu qu'il vous plaise accepter la
charge de les conduire, & permettre qu'ils marchent soubs vostre
sauuegarde. Receuez donc Monsieur, ce petit offre que ie vous
fais pour vn tesmoignage du desir qui plus m'affectionne à vous
faire tout humble seruice de tel cœur que ie prie nostre Dieu, vous
conseruer longuement, & heureusement en sa saincte grace.

Vostre humble & plus affectionné
seruiteur Pierre de Sauonne.

AVX LECTEVRS.

AMY Lecteur ie t'auois promis par ma derniere edition d'Arithmetique, que si ie cognoissois que tu prisses plaisir aux regles que i'ay couché, de mettre peine d'en faire des autres plus breues,& te les presenter. Or pource que quelque temps apres i'ay veu non seulement le plaisir que tu y as receu, mais aussi le bien & profit qui en est reuenu & à toy & à nostre France. I'ay pris occasion de voyager en plusieurs pays estranges, & cercher principalement les villes les plus celebres, & ausquelles pour le grand commerce & trafiq de marchandise tous côtes & regles d'Arithmetique qui estoyent les plus requises, afin qu'en conferant auec les plus experimentez aux trafiqs de marchandise i'eusse plus de moyen de te satisfaire en m'acquitant de ma promesse & profitant par ce moyen à toy, & à ceux qui seront curieux dudit art: comme tu pourras aisement voir par le discours de ce liure auquel i'ay mis par ordre & estat les principaux trafiqs des negoces de marchãdise (I'entens les regles qui sont les plus requises à chacũ trafiq) auec plusieurs belles demandes subtiles & breues que plusieurs grands negociateurs bien versez en toutes sortes de negoces m'ont proposé. Sur lesquelles demandes d'Arithmetique, ie leur ay (par la grace de Dieu) tellement satisfait qu'ils ont eu iuste occasion de contentement. Depuis ayant cogneu par certaine experience lesdites demandes & regles fort vtiles & necessaires non seulement à nos François: mais à l'estranger: ie me suis aduisé au retour de mes voyages d'Angleterre, Flandres & autres pays lointains, de mettre la main à la plume pour te dresser ceste mienne quatrieme edition d'Arithmetique en laquelle outre quelques principales & plus necessaires regles de ma derniere: i'ay adiousté plusieurs autres belles regles & demandes necessaires à l'vsage de tous negociateurs & autres qui ont maniement

** 3

de deniers. Et me voyant pourueu d'vne si belle science & sachant d'autrepart le terme de nos iours si court & incertain, i'ay deliberé de t'offrir en ce liure ce mien labeur, & t'en communiquer le talent qu'il a pleu à Dieu (de sa grace) me despartir: enuers lequel i'eusse pensé me porter trop ingratement si i'eusse plus long temps caché si peu de lumiere qu'il luy à pleu mettre en moy: m'asseurant auec son ayde que si tu es autant diligent & songneux d'estudier en ce mien liure que i'ay mis de trauail & de soin à te le parfaire tu y trouueras l'explication des regles si claire & facile qu'apres les auoir aiseement compris tu en tireras en bref temps profit, plaisir & contentement tel que tu m'en sçauras gré à iamais te voyant hors de la confusion où tombent chacun iour ceux qui (par faute d'entendre les regles breues) sont contraints d'vser de long calcul qui leur fait plustost brouiller qu'esclarcir leurs affaires. De ma part apres que i'auray veu le plaisir que tu y prédras auec le fruit qui t'en reuiendra, ie mettray peine de profiter encores tellement en ma science qu'en la mettant en perfection autant que la puissance humaine peut porter, toy & moy aurons de plus en plus occasion de louer nostre bon Dieu d'a-uoir par sa saincte grace benit mon labeur lequel ie t'offriray tous-iours d'aussi bonne volonte que ie prie le tout puissant te donner bonne issue en tes affaires.

AV LECTEVR,

Sur l'Arithmetique de Pierre de Sauonne.

Parmi tant de faux bruits, de troubles, de tempestes,
Qui coulent sous nos pieds, qui tonnent sur nos testes,
SAVONNE esperant mieux, nous offre maints accords
Es vtiles discours de son Arithmetique.
    I'ay le mesme penser parmi tous ces discords,
Et prens de labeur ci comme pour prognostique:
Qu'apres tant de debats & de contes mal faits,
Les desreiglez seront confondus & desfaits.

OV BIEN, OV RIEN.

TABLE DE CE PRESENT
LIVRE.

PRemierement de nombrer & enſuyuant les quatres regles principales d'Arithmetique côme d'Adiouſter, Soubſtraire, Multiplier & Partir tant en nombre rôpu qu'en nombre entier. Auec cinq
demonſtrations dudit nombre rompu commençant de folio 2 iuſques à folio ———————————————————————— 41

Des parties correſpondantes au ß de 12 & à la £ de 20 ß en deux
manieres, l'vne plus brefue que l'autre depuis fol. 41 iuſques à fol. 53

De multiplier au bref en nombre entier & rôpu de fol. 53 à fo. 55

De partir au bref depuis folio 55 iuſques à folio ——————— 58

De la reduction des monnoyes tant de France, Sauoye que Flandres de folio 58 iuſques à folio ———————————————— 78

Des trafiqs de marchandiſe. Et premierement pour les Marchands
de draps de laine, draps de ſoye, canabaciers & lingiers qui vendent à
l'aulne, commençant par l'explication des parties rompues de l'aulne. La regle de trois, Bordereau d'aulnages & quelques regles des
draps de ſoye ras qui ſe vendent par poids commençant de folio 79
iuſques à folio ———————————————————————— 92

De la reduction des aulnages de Flandres, Italie & Troye en aulnes de Lyon ou Paris de folio 92 à folio ——————————— 105

Du trafiq des marchandiſes d'Auignon, Prouence, Languedoc,
auec le bordereau & reduction des canes meſure d'Auignon & Lá-
guedoc en aulne de Lyon de folio 105 à folio ————————— 113

Du trafiq du Paſtel qui ſe recueille en Lauragues pays du Languedoc de folio 113 à folio —————————————————————— 115

Du trafiq des marchands qui vendent la ſoye en gros & en detail,
paſſements de ſoye d'or & d'argent, auec vne belle reduction du
poids de Lyon de 16 ℥ au poids de Geneue de 15 ℥ pour les
ſoyes crues qui ſe vendét audit Lyô à 108 ₶ de Lyon pour 100 ₶
de Geneue, ſeruant auſſi au poids d'Arragon pour les ſaffrans. Et
enſuiuant de quelques marchandiſes qui ſe vendent à la douzaine,
groſſe, ℥, deniers, grains, & au marc, depuis folio 115 iuſques à folio
123

Du trafiq des Droguiftes & Efpiciers qui vendent par poids à la liure,à l'once,au cent & à la charge de folio 1 2 3 à folio ——— 133

De la reduction des poids comme de Paris,Marfeille, Geneue au poids de Lyon par regle generale feruante à tous poids de folio 133 à folio ———————————— 139

Du trafiq des Maiftres des mõnoyes, Changeurs & Orfeures qui vendent l'or & l'argent au marc, onces,deniers & grains,auec les regles du fin d'or & d'argẽt & alliages de metaux de folio 139 à f. 158

Du trafiq des marchands negocians fur les places des Châges auec regles de changes,& efcontes qui eft de payer yne fomme d'argent auant le terme en rabatant tant pour cent, & auffi quelques remifes & traites de change de la place du change de Lyon à d'autres places depuis folio 158 iufques à folio ———————— 171

Du trafiq des marchands de bledz & boulangers tant pour les achapts des bleds dans Lyon, que pour le cuifage du pain qui fe fait audit Lyon & Paris depuis folio 171 iufques à folio ——— 174

Des impofitions de tailles & regles de compagnie depuis folio 174 iufques à folio ———————————— 177

De plufieurs belles demandes de folio 177 à folio ——— 182

Plus autres demandes de ventes de fruits & achapts de maifons auec conditions de folio 182 iufques à folio ———— 189

Demande du calcul d'vn Bouleuart d'vne forterefle de folio 189 iufques à folio ———————————— 190

Demande fur les reuenus des louages des maifons d'vn Gentilhomme laiffez à change à vn marchand auec condition de folio 190 iufques à folio ———————————— 192

FIN DE LA TABLE.

L'ARITHMETIQVE
DE PIERRE DE SAVONNE
D'AVIGNON, CORRIGEE ET
AVGMENTEE DE PLVSIEVRS
BELLES REIGLES SVB-
tiles & breues outre ses pre-
cedentes editions.

A PREMIERE cognoissance de l'Arithmeti-que consiste à cognoistre ces dix figures, 1, 2, 3, 4, 5, 6, 7, 8, 9, 0: la premiere, vaut vn: la seconde, deux: la troisieme, trois: la quatrieme, quatre: la cinquieme cinq: la sixieme, six: la septieme, sept: la huictieme, huict: la neufieme, neuf: & la dixieme, zero: laquelle seule ne sert de rien, mais estant mise apres les autres figures, fait augmentation de dix fois autant comme la figure vaut d'vnitez: comme estant mise apres vn, vaut dix, ainsi 10: apres deux, fait vingt, ainsi 20: apres trois, fait trente, ainsi 30: & consecutiuement iusques à neuf, qui fait nonante, ainsi 90. Et vn estant mis apres vn autre fait vnze, ainsi 11: auec deux, fait douze, ainsi 12: auec trois fait treize, ainsi 13: continuant iusques à neuf, qui fait dixneuf, ainsi 19. Et ayant esgard à ceux qui ne sçauent compter par nombre d'Arithmetique, i'ay mis vne figure cy apres de compter depuis vn iusques à cent.

A

Exemple,

1.	2.	3.	4.	5.	6.	7.	8.	9.	10.
11.	12.	13.	14.	15.	16.	17.	18.	19.	20.
21.	22.	23.	24.	25.	26.	27.	28.	29.	30.
31.	32.	33.	34.	35.	36.	37.	38.	39.	40.
41.	42.	43.	44.	45.	46.	47.	48.	49.	50.
51.	52.	53.	54.	55.	56.	57.	58.	59.	60.
61.	62.	63.	64.	65.	66.	67.	68.	69.	70.
71.	72.	73.	74.	75.	76.	77.	78.	79.	80.
81.	82.	83.	84.	85.	86.	87.	88.	89.	90.
91.	92.	93.	94.	95.	96.	97.	98.	99.	100.

POVR compter en plus grãd nombre que dudit 100, faut sçauoir par cœur ces mots : nombre, dixaine, centaine, mil, dixaine de mil, centaine de mil, milion, dixaine de milion, & centaine de milion: qui sont les denominatiõs des neuf figures de valeur, lesquelles faut noter qu'elles sont les guidons de l'Arithmetique. Et pour bailler plus grande intelligence de sçauoir nõbrer, i'ay figuré cy apres trois exemples differens l'vn de l'autre.

Exemple premier de nombrer.

Nombre ———————————	1	vn.
Dixaine ———————————	1 0	dix.
Centaine ——————————	1 0 0	cent.
Mille—————————————	1 0 0 0	mille.
Dixaine de mille ———————	1 0 0 0 0	dix mil.
Centaine de mille ——————	1 0 0 0 0 0	cent mil.
Milion———————————	1 0 0 0 0 0 0	milion.
Dixaine de milion ——	1 0 0 0 0 0 0 0	dix milions.
Centaine de milion——	1 0 0 0 0 0 0 0 0	cent milions.

Second

Second exemple.

　　9　neuf.
　3 2　trentedeux.
　3 2 5　trois cents vingtcinq.
　2 9 1 7　deux mil,neuf cents,dixſept.
　1 5 3 3 6　quinze mil,trois cents,trenteſix.
　1 1 2 7 1 3　cent douze mil,ſept cents,treize.
　6 1 1 1 5 1 2　ſix milions,cent vnze mil,cinq cents,douze.
　1 3 1 1 2 8 1 1　treize milions,cent douze mil,huiĉt cents vnze.
　3 1 1 7 1 1 1 1 0　trois cents vnze milions,ſept cens vnze mil,cent dix.

Troiſieme exemple de nombrer.

　　5　cinq.
　1 8　dixhuiĉt.
　7 0 5　ſept cents cinq.
　5 4 0 8　cinq mil,quatre cents, huiĉt.
　1 6 9 1 5　ſeize mil,neuf cents,quinze.
　8 0 3 0 1 2　huiĉt cents,trois mil,douze.
　7 0 0 8 5 0 3　ſept milions,huiĉt mil,cinq cents,trois.
　3 0 1 1 0 0 9 0　trente milions,cent dix mil,nonante.
　6 1 0 6 1 3 0 0 8　ſix cents dix milions,ſix cents treize mil,huiĉt

Notez que pour nombrer plus facilement, en nombrant faut
marquer de trois en trois vng petit poinĉt, pour monſtrer que ce
ſont centaines.

AVT noter que le moyen deſdiĉts trois exemples figurez cy
deſſus, ſuffiront à tous autres exemples de nombrer, combien
qu'ils ſoyent differens de figures de valeur, pourueu qu'on aye bien
comprins la methode d'iceux. Combien que ie ne baille intelligéce
que de nombrer iuſques à neuf figures,la derniere deſquelles eſt centaine de milion,qui eſt nôbre aſſez grand pour s'en ſeruir à pluſieurs
grands comptes,& pour ne me rendre tant prolixe & obſcur, ie n'ay
voulu paſſer plus outre de nombrer iuſques à miliars, centaine de
miliars,&c. Car il eſt à noter qu'en nombrant,on fait touſiours augmentation de dix fois autant : par ainſi faut entendre que le nom-

brer eſt choſe infinie, dont ſ'enſuiuent cy apres les quatre eſpeces du fondement de l'Arithmetique, qui eſt pour la premiere, addition, ſoubſtraction, multiplication, & la diuiſion : & en noſtre langage vulgaire, adiouſter, ſoubſtraire, multiplier, & partir. Et faut noter qu'il y a auſſi bien à adiouſter, ſoubſtraire, multiplier & partir en nombre rompu, comme en nombre entier : & premierement enſuiuent leſdictes quatre reigles en nombre entier.

Premiere eſpece d'adiouſter.

ADIOVSTER, c'eſt mettre pluſieurs parties enſemble, pour en ſçauoir la ſomme totale : & en poſant leſdictes parties, faut tenir tel ordre que les figures des nombres ſoyét ſoubs les nombres : ſemblablement des dixaines, centaines, &c. Et faut touſiours cómencer à compter la premiere figure du nombre de main droite de haut venant en bas, iuſques à la fin de la ligne, qu'on doit mettre deſſoubs la figure de ce qui ſurpaſſe les dixaines. Comme par exemple, d'adiouſter 795, 483, 261, 409, & 370, apres auoir figuré leſdictes parties par l'ordre que dit eſt, pour les adiouſter faut dire, 5 & 3, ſont 8, & 1, ſont 9, & 9, ſont 18, qui eſt vne dixaine & huict, dont faut poſer 8, au deſſoubs de la ligne, & retenir la dixaine pour l'adiouſter auec les autres de l'exemple, ainſi continuant, iuſques à la fin d'iceluy exemple. Et notez que la figure qui ſurpaſſe les dixaines, il la faut touſiours poſer au deſſoubs de la ligne dudit exemple en ſon endroit, & retenir les dixaines pour les adiouſter auec les autres, les tenant pour autant d'vnitez : & venant à compter, que les dixaines ſe trouuent iuſtement ſans aucun nombre, comme 30, 40, &c. faut poſer au deſſoubs de la ligne vn zero ainſi o, & retenir les dixaines pour les adiouſter auec les autres. Et ſuiuant ceſte inſtruction, i'ay figuré cy apres ledit exemple outre deux autres ſuiuans, & à la fin d'iceux on trouuera l'explication de faire leur preuue. Or auant que paſſer plus outre, ie te veux bien aduertir, ami lecteur, qu'en comptát vn exemple d'addition, de n'vſer point de ceſte prolixité de dire, ſont, encore que ie l'aye dit cy deſſus, comme par exemple, 5, & 3, ſont 8, laiſſant ce mot de, ſont, & dire 8, ainſi continuant de parler au compter, car la

ſuper-

ſuperfluité de langage rend la reigle longue : toutesfois s'il ſe trou-
uoit que i'en euſſe vſé cy apres en quelque endroit, ce n'a eſté que
pour rendre la reigle plus intelligible.

7 9 5		4 0 0		2 0 0	
4 8 3		9 0 2		4 0 1	
2 6 1	Preuue $\frac{5}{5}$	8 0 3	Preuue $\frac{8}{8}$	3 0 3	Preuue $\frac{1}{1}$
4 0 9		3 0 4		1 0 1	
3 7 0		1 0 1		9 0 4	
2 3 1 8		2 5 1 0		1 9 0 9	

Declaration de la preuue d'adiouſter.

POVR faire la preuue d'adiouſter, comme nos anciens ont eſ-
crit, la faiſant par 9, c'eſt de compter les figures de l'exéple iuſques à 9, en ceſte ſorte, commençant à la premiere de main gauche,
de haut en bas, & en comptant iuſques à 9, il faut dire, la preuue eſt
zero : & ce qui ſurpaſſe les 9, ſeront autant d'vnitez de preuue, qu'il
faut retenir pour les adiouſter auec les autres figures : & en comptât
faut touſiours reietter les neuf pour tenir le ſurplus, pour preuue, côme dit eſt. Et faut noter qu'en comptant la preuue, ſi on rencontre
ladite figure de 9, n'en faut faire aucune métion à cauſe que ſa preuue eſt zero, côme dit eſt. Et la figure de la preuue qui viendra à la fin
de l'exéple, la faut figurer à part à coſté d'iceluy, au deſſus d'vne petite ligne, pour puis apres venir à compter en preuue le produict du
dit exéple : & faut qu'il ſe trouue à la fin d'iceluy ſemblable figure de
preuue, côme celle qu'on aura miſe ſur ladicte ligne, laquelle figure
faudra mettre au deſſoubs d'icelle ligne. Et aduenant que leſdictes
deux figures de preuue ne fuſſent ſemblables, cela pourra denoter
que la reigle ſeroit fauſſe, ou bié qu'on auroit mal côpté ladite preuue. Toutesfois il ne ſe faut point refier à ceſte preuue de 9, car ſou-
uentesfois il en vient erreur, comme i'en bailleray aduertiſſement
cy apres. Mais la meilleure preuue eſt de recompter l'exemple deux
ou trois fois, ſans ſe ſeruir de la preuue de 9, ni de celle de 7, comme
aucuns, pource que ce ſont choſes prolixes & incertaines : combien

que ie ne veux pas ignorer qu'il n'y aye à chacune des quatre efpeces vne preuue certaine, affauoir que la preuue d'adioufter fe peut
faire par la reigle de foubftraire:& celle de foubftraire, par la reigle
d'adioufter:la preuue de multiplier par la reigle de partir:& la preuue de partir,par la reigle de multiplier. Ainfi chacune preuue defdi-
ctes quatre reigles fe font par leur contraire. Et pour n'eftre tant
prolixe,il n'eft befoin que ie face explication des preuues de ladite
addition, pource que ce n'eft chofe qui puiffe porter inftruction
profitable:& cela faut noter. Et fuiuant ladicte preuue de 9, elle fe
trouue faite aux trois exéples fufdicts: & enfuit cy apres l'aduertiffement de l'erreur qui fe peut commettre fur ladite preuue de 9.

Aduertiffement de l'erreur de la preuue de 9.

IL eft à noter que fi en adiouftant quelque exemple, il adue-
noit que les figures qu'on adioufteroit iufques au bas de la ligne vint à finir par 9, & qu'au lieu de pofer 9 foubs la ligne, on vint
par vne inaduertance à pofer zero, pour cela l'exemple ne laifferoit
de fe trouuer moins bon: i'entens par la verification de ladite preuue de 9, mais il fetrouueroit faux, & fi y auroit perte dudit 9. Parquoy il ne fe faut point du tout refier à ladite preuue : car il faut entédre qu'en cas de faire preuue des exemples par ladite preuue de 9,
nous reiettons toufiours les 9,comme dit eft, & n'en faifons nó plus
de compte que d'vn zero, qui eft de là d'où peut venir l'erreur.

Exemples des deux additions fauffes,qui toutesfois fe trouuent bonnes par la verification de la preuue de 9.

5 3 7			5 1 0		
4 9 7	Preuue bonne $\frac{1}{1}$ &		3 7 5	Preuue bonne $\frac{0}{0}$ &	
2 5 9	la reigle fauffe		4 0 8	la reigle fauffe	
8 8 6			6 8 7		
2 1 7 0			1 9 8 9		

Adioufter par liures,fols & deniers,la liure de 20 ß,& le fol,de 12 ß,
dont les caracteres font tels, ₤. ß. ₰.

POVR adioufter par liures,fols & deniers,faut cómencer aux deniers, en comptant premierement les nombres,puis prendre les
dixaines

dixaines, les adiouſtant auec leſdits nombres : & les deniers qui en
viendront les faut reduire en ſols : les deniers au ſurplus des ſols, les
faut poſer au deſſoubs de la ligne de ſon exemple, les mettant à l'endroit des autres deniers, & porter les ſols auec les autres exemples,
les comptant auec les nombres des ſols : & ce qui en viendra, le faut
mettre au deſſoubs de la ligne, à l'endroit des nôbres des autres ſols,
retenant les dixaines pour les adiouſter auec les autres dixaines des
ſols, les reduiſant en liures, en prenant la moitié d'icelles, & de ladite
moitié en viẽdra liures pour les adiouſter auec les autres de l'exemple : & s'il reſte moitié, vaudra 10 ß, qu'il faut mettre par vne vnité
au deſſoubs de la ligne dudit exemple, à l'endroit des dixaines, comme le tout ſe verra par deux exemples figurez cy apres.

Exemples.

```
367 £ 17 ß 6 d            5809 £ 5  ß 10 d
240    8    4             409   18    4
3403  14    6   Preuue 2/7 1050   9   10
  82    0   11            119   14    8   Preuue 0/0
406   18    0              0    18    9
2000  13    4            2000    0    0
-------------------       909    0   10
6501 £ 12 ß 7 d          ------------------
                         10299 £ 8 ß 3 d
```

Declaration de la preuue d'adiouſter par liures,
ſols & deniers.

POVR faire la preuue d'adiouſter par liures, ſolz & deniers,
faut commencer à compter toutes les figures des liures, reiet-
tans les 9, comme dit eſt : & la figure qui viendra de la preuue à la fin
de l'exemple deſdictes liures, ſi elle eſt en valeur, il la faut doubler
par autant de ſolz, & prendre la preuue du produict du double, pour
l'adiouſter auec les ſols dudit exemple, en cõptant les dixaines pour
vnitez : & ce qui viendra de la preuue des ſols, le faut tripler, & en tirer la preuue pour l'adiouſter auec les deniers de l'exemple, & com-

pter les dixaines des deniers pour autant d'vnitez : & ce qui viendra
de ladite preuue des deniers, la faut figurer au deſſoubs d'vne petite
ligne au coſté de l'exemple:puis faut faire preuue du produiɛt de l'e-
xemple,commēçant aux figures des liures, & la preuue qui en viendra,la faut doubler pour autant de ſols, comme deſſus eſt dit, pour
l'adiouſter auec les autres ſols enſuiuans, & en tirer la preuue : & ce
qui en viĕdra,qui ſera ſols,les faut adiouſter auec les ſols qui ſe trouueront au produiɛt dudit exemple,en les triplant,& en tirer la preuue du triple pour autant de deniers, pour les adiouſter auec les autres qui ſe trouuerõt à l'exemple, pour la mettre au deſſoubs de l'autre figure qui eſt au deſſus de la ligne àcoſté de l'exĕple. Et faut que
leſdiɛtes deux figures de preuue ſoyent ſemblables, autrement l'e-
xemplé pourroit eſtre faux pour auoir mal compté ou mal prouué,
combié qu'il ne ſe faut point reſier à ladite preuue de 9, comme i'ay
dit cy deuant,car la vraye preuue eſt,pour le meilleur,de recompter
l'exemple deux ou trois fois.Et cela faut noter.

POVR adiouſter par eſcus, ſols & deniers, il ſe faut ſeruir du
moyen qui a eſté dit à l'inſtruɛtiõ d'adiõuſter par liures,ſols,
& deniers,ſauf qu'au produiɛt des dixaines des ſols, au lieu d'en prédre la moitié pour les reduire en liures, faut prendre la ſixieme pour
la reduire en eſcus,pour les adiouſter auec les autres de l'exemple.Et
touchant à faire la preuue, il ſe faut ſeruir du moyen dit cy deuant à
la declaratiõ de la preuue d'adiouſter par liures,ſols & deniers: excepté qu'au lieu qu'on double à la preuue des liures venantes aux ſols,
faut multiplier par 6, ce qui viĕdra de la preuue des eſcus. Il eſt à noter qu'en figurãt les exemples,ſoit par eſcus ou par liures, de ne mettre point apres les liures plus de dixneuf ſols, & apres les ſols plus
de 11 ſ.& aux eſcus ne paſſer point 59 ſols,apres les eſcus,pource que
les 60 ſols font l'eſcu,comme les 20 ſols font la liure, & les 12 ſ.le ſol.
Et ſuyuant ceſte declaration,i'ay figuré cy deſſoubs deux exemples.

239 ※V̄	47 ℔	11 ₰		125 ※V̄	55 ℔	7 ₰	
522	59	6		2540	20	10	
119	48	10	Preuue $\frac{7}{7}$	990	19	11	Preuue $\frac{0}{0}$
256	39	11		6000	0	8	
69	38	9		19	47	8	
156	39	5		0	9	10	
1365 ※V̄	34 ℔	4 ₰		9676 ※V̄	34 ℔	6 ₰	

Aduertissement.

POur ne me rendre tant prolixe, ie n'ay voulu figurer d'autres exéples d'adiouſter par autres eſpeces comme par florins & autres, pource que les exemples precedents bailleront aſſez d'intelligence pour tous autres: & cela faut noter.

Seconde eſpece, qui eſt de ſoubſtraire.

SOVBSTRAIRE, eſt oſter vn nombre petit d'vn plus grand, comme par les exéples qui s'enſuiuent. Premieremét de 798 ℔, pour en oſter 354 ℔, faut mettre les 354 au deſſoubs des 798 en faiſant vne ligne au deſſoubs des deux parties, pour commencer à main droite venant à gauche, diſant qui de 8 oſte 4 reſte 4 le mettant au deſſoubs de ladite ligne, & ainſi continuant des autres figures qui s'enſuiuent. Tellement qu'on trouueroit qu'vn homme qui deuroit 798 ℔, & en payeroit 354 ℔, le reſtant feroit de 444 ℔. Et pour faire la preuue dudit exemple, faut adiouſter les 354 ℔ de paye, auec les 444 ℔, de la reſte: & faut qu'il en vienne les 798 ℔ de la debte, ou autrement la reigle feroit fauſſe. Auſſi de ſoubſtraire 1569 ※V̄, de 4358 ※V̄, ou autre forte d'eſpeces, apres auoir figuré l'exemple comme le ſuſdiĉt, faut dire, qui de 8 en oſte 9 il ne peut: & pour ce faut faire vn emprunt d'vne dixaine ſur le 5 le marquant d'vn petit poinĉt, ainſi & dire, qui de 10 oſte les 9 reſte 1 qu'il faut adiouſter auec leſdits 8 & ſerot 9 qu'il faut figurer au deſſoubs de la ligne de l'exemple: puis venir au 5 qui eſt marqué d'vn petit poinĉt, à cauſe dudit emprunt, lequel 5 ne faut prendre que pour 4 & dire qui de 4 oſte 6 il ne peut faut faire vn emprunt d'vne dixaine ſur le 3 le marquant auſſi d'vn

B

petit poinct, & dire, qui de 10 oste 6 reste 4 qu'il faut adiouster auec
le 5 ne le prenant que pour 4 pour raison de l'emprunt, & seront 8
qu'il faut poser au dessoubs de la ligne vis à vis du 6 Et ainsi continuant aux autres deux figures restantes dudit exemple, & on trouuera que de ladite soubstraction en restera 2789 ⚹/▽. Pour faire la preuue faut adiouster la paye auec le reste, comme dit est: & suiuant ceste
declaration on trouuera les deux exemples cy dessus nommez figurez cy dessoubs auec vn autre de semblable subiect, sauf qu'à la paye
y aura vne figure moins qu'au debte.

Exemple.

Debte 798 £	4358 ⚹/▽		5729
Paye 354 £	1569 ⚹/▽		978
Reste 444 £	Reste 2789 ⚹/▽	Reste	4751
Preuue 798 £	Preuue 4358 ⚹/▽	Preuue	5729

POVR soubstraire 178975 de 404060 apres auoir figuré
l'exemple, faut cômencer au premier zero de main droite venant à gauche, & dire, qui de zero oste 5 il ne peut: partant faut faire
emprunt d'vne dixaine sur le 6 le marquant d'vn petit poinct, ainsi
& dire, qui de 10 oste 5 reste 5 qu'il faut mettre au dessoubs de la ligne à l'endroit de l'autre 5 puis venir au 6 qu'on trouuera marqué
d'vn petit poinct, ne le prenât que pour 5 pour raison de l'emprunt,
& dire, qui de 5 oste 7 il ne peut: faut emprunter vne dixaine sur le
zero prochaine figure du 6 ce qu'il ne peut prester sans l'aide du 4
qui est son prochain, qui luy preste dix dixaines, & dire, qui de 10
oste 7 reste 3 qu'il faut adiouster auec le 6 qu'il ne faut prendre que
pour 5 à raison de l'emprunt, & seront 8 les figurant au dessoubs de
la ligne, à l'endroit du 7 puis venir au zero, lequel on trouuera marqué d'vn petit poinct à cause de l'emprunt, & prêdre ledit zero pour
9 & dire, qui de 9 oste 9 qui est à la paye, reste zero: puis faut venir au
4 lequel ne faut prendre que pour 3 pour raison de la dixaine qu'il a
presté, & paracheuer ladite soubstraction au correspondant des autres

tres figures dudit exemple, & on trouuera le reſtant d'iceluy exemple. Auſſi pour ſoubſtraire 4536 de 7000 faut faire valoir le premier zero de main droite 10 & les autres enſuiuans chacun 9 & le 7 au deuant deſdits trois zero ne ſera amoindri que d'vn, tellement qu'il ne vaudra que 6 puis pratiquer ledit exemple au correſpondant du ſuſdit, tellement que le reſtant dudit exemple ſera de 2464

Exemple.

Debte	4 0 4 0 6 0			7 0 0 0
Paye	1 7 8 9 7 5			4 5 3 6
Reſte	2 2 5 0 8 5	Reſte		2 4 6 4
Preuue	4 0 4 0 6 0	Preuue		7 0 0 0

Aduertiſſement ſur la ſoubſtraction.

VANT que paſſer plus outre aux reigles de ſoubſtraire, il y a deux manieres de parler plus courtes que ie n'ay pratiqué cy deuant, principalement pour ceux qui ſont degroſſez à la ſoubſtraction.   Comme de la premiere maniere de parler, ie preſuppoſeray de vouloir ſoubſtraire 2 8 5 2 ⚹ de 7 5 3 1 ⚹. Premierement faudroit dire, qui de 11 oſte 2 reſte 9 & qui de 12 oſte 5 reſte 7 qui de 14 oſte 8 reſte 6 & qui de 6 oſte 2 reſte 4 Il eſt bien à noter qu'en ce faiſant i'ay fait emprunt d'vne dixaine d'vne figure à l'autre.   Et ſecondement de l'autre maniere de parler qui eſt encores plus courte, faut premierement prendre la paye pour la ſoubſtraire du debte en ceſte ſorte: commençant à la premiere figure, & dire 2 de 11 reſte 9 | 5 de 12 reſte 7 | 8 de 14 reſte 6 & 2 de 6 reſte 4 pour la fin dudit exemple. Il eſt auſſi à noter qu'en ce faiſant i'ay touſiours fait vn emprunt d'vne dixaine ſur la figure du debte, & non de la paye, comme pluſieurs ont eſcript de faire l'emprunt ſur la paye, & non ſur le debte, choſe qui eſt contraire à raiſon: meſmement que pluſieurs qui ſe diſent Arithmeticiens, qui ne ſçauent la ſcience ſinon que par liures, & non par vſage, qui eſt la vraye experience, pratiquent ladite ſoubſtraction de ceſte façon du tout impertinente, pour l'auoir priſe ſur

B 2

certains liures compofez par quelques pedagogues qui n'ont eu aucun vfage de la negociation de marchandife. Et pour la conclufion
de ceft aduertiffement, il eft befoing de bien entendre les annota-
tions fufdites.

Soubftraire par liures, fols & deniers, la liure de 20 ß, le fol de
12 ∫, comme dit eft.

POVR foubftraire par liures, fols & deniers, faut commēcer au
debte des deniers pour en tirer les deniers de la paye venant
aux fols, & des fols aux liures: comme par exemple: pour foubftraire
4976 £ 12 ß 4 ∫ de 6004 £ 17 ß 6 ∫ : apres auoir figuré la paye
foubs le debte auec vne ligne deffoubs, faut dire, qui de fix ∫ ofte 4
refte 2 ∫, mis au deffoubs de la ligne à l'endroit des 4 venant aux fols,
difant, qui de 17 en ofte les 12 refte 5 le mettant au deffoubs du nombre de 12 ß, pour venir à foubftraire liures des liures, comme a efté
dit : & le reftant fera 1028 £ 5 ß 2 ∫. Auffi de foubftraire 368 £ 18 ß
9 ∫ de 3002 £ 10 ß 6 ∫ faut dire, qui de 6 ∫ en ofte les 9 il ne peut:
pour cefte raifon faut faire vn emprunt d'vn fol fur les 10 ß lefquels
demeurerōt pour 9 ß, & dire pour ledit fol emprunté qui eft de 12 ∫
en ofte 9 refte 3 qu'il faut adioufter auec les 6 qui font 9 ∫, le figurant au deffoubs de la ligne à l'endroit des autres 9 ∫ venant aux 10
ß, ne les prenant que pour 9 à caufe de l'emprunt, & dire, qui de 9
ofte 18 il ne peut: faut emprunter vne liure fur la premiere figure qui
vaut 2 £, & dire, qui de 20 ß ofte 18 refte 2 qu'il faut adioufter auec
les 10 ß qu'il ne faut tenir que pour 9. & feront 11 qu'il faut figurer
au deffoubs de la ligne à l'endroit des 18 ß : puis venir à foubftraire
liures de liures, ayant fouuenāce de la liure empruntee pour ne prendre la premiere figure des liures pour la valeur qu'elle eft figuree:
ains pour vne liure moins, & on trouuera de reftant 2633 £ 11 ß 9 ∫
Auffi pour foubftraire 2978 £ 12 ß 7 ∫ de 7001 £ faut emprunter
vne liure fur la premiere figure des liures, laquelle vaut 20 ß, defquels en faut emprunter vn fol, qui vaut 12 ∫, & refteroit 19 ß : puis
dire, qui de 12 en ofte les 7 ∫, reftera 5 & qui de 19 ß ofte les 12 ß, refte 7 ß, les figurant à fon endroit, puis foubftraire liures de liures par
ledit

ledit moyen,& on trouuera de reſtant 4022 £ 7 ß 5 ß. Or qui voudroit pratiquer le moyen plus bref de parler,en faiſant leſdites ſoubſtractions pour le premier exemple propoſé, faudroit dire 4 ß de 6
reſte 2 venant aux ſols, diſant 12 de 17 reſte 5 puis pratiquer aux liures au correſpondant des ſols & deniers,& tout de meſme faudroit
faire aux deux autres exemples, au correſpondant dudit premier : &
cela faut noter. Et pour faire leurs preuues , faut adiouſter les payes
auec leurs reſtes,& faut qu'elles reſſemblent à leurs debtes.

Exemple.

6004 £ 17 ß 6 ß	3002 £ 10 ß 6 ß	7001 £
4976 £ 12 ß 4 ß	368 £ 18 ß 9 ß	2978 £ 12 ß 7 ß
1028 £ 5 ß 2 ß	2633 £ 11 ß 9 ß	4022 £ 7 ß 5 ß
6004 £ 17 ß 6 ß	3002 £ 10 ß 6 ß	7001 £

Pour ſoubſtraire par eſcus,ſols & deniers ҕ,l'eſcu ſol de
60 ß ҕ, & le ſol de 12 ß ҕ.

POVR ſoubſtraire 185 ⚹ 48 ß 10 ß ҕ, de 415 ⚹ 21 ß 9 ß ҕ, faut
dire, qui de 9 en oſte 10 il ne peut,faiſant vn emprunt d'vn ſol
ſur les 21 ß, lequel emprūt vaut 12 ß,diſant,qui de 12 ß en oſte 10 reſte 2 les adiouſtāt auec les 9 ß,& ſeront 11 ß qu'il faut figurer au deſſoubs de la ligne pour venir aux 21 ß,qui ne valent que 20 à cauſe du
ſol emprūté pour en ſoubſtraire les 48 en ceſte ſorte, diſant premierement,qui de rien oſte 8 il ne peut: faut emprunter vne dixaine ſur
le 2 & dire , qui de 10 en oſte 8 reſte 2 & qui de deux dixaines (qu'il
ne faut prendre que pour vne dixaine , pour raiſon de l'emprunt) en
paye les 4 il ne peut:faut emprunter vn eſcu ſur le 5 prochaine figure,lequel eſcu vaut ſix dixaines,les adiouſtant auec ladite dixaine,&
feront 7 diſant, qui de 7 en paye 4 reſte 3 qu'il faut figurer au deſſoubs de la ligne à ſon endroit, auant les 2 & continuer à ſoubſtraire les eſcus des eſcus,du moyen dit aux autres exemples ,& on trouuera de reſtant 229 ⚹ 32 ß 11 ß ҕ. Et auſſi pour ſoubſtraire 139 ⚹ 58
ß 8 ß ҕ, de 300 ⚹, faut faire vn emprunt d'vn eſcu qui vaut 60 ß ҕ,

B 3

ſur les 300 ▽ deſquels 60 ß ₰ en faut tirer vn ſol qui vaut 12 ſ,
pour en ſoubſtraire les 8 ſ, & reſteroit 4 ſ venant aux 60 ß qui ne
valent que 59 pour raiſon d'vn ſol emprunté, & dire, qui de 59 ß en
oſte 58 reſte 1 puis paracheuer ladite ſoubſtraction par le moyen qui
a eſté dit aux autres precedétes, & le reſtant ſera 160 ▽ 1 ß 4 ſ ₰. Et
touchant à la preuue, il ſe faut ſeruir auſſi du moyen dit aux exemples precedens.

Exemples.

4 1 5 ▽ 2 1 ß 9 ſ ₰	3 0 0 ▽
1 8 5 ▽ 4 8 ß 10 ſ	1 3 9 ▽ 58 ß 8 ſ ₰
2 2 9 ▽ 3 2 ß 11 ſ	1 6 0 ▽ 1 ß 4 ſ ₰
4 1 5 ▽ 2 1 ß 9 ſ ₰	3 0 0 ▽

De ſoubſtraire par eſcus piſtolets, ſols & deniers, l'eſcu piſtolet de 58 ß ₰,
le ſol de 12 ſ ₰, dont le caractere dudit eſcu
piſtolet eſt tel ▽

POVR ſoubſtraire 169 piſtolets 29 ß 10 ſ ₰ de 354 piſtolets 10
ß 7 ſ, regardant premierement que les 10 ß du debte ne
ſont ſuffiſans pour payer les 29 ß de la paye, i'emprunte vn piſtolet
ſur la premiere figure du nombre des autres, & figure 58 ß ſur les 10
ß: puis commence à ſoubſtraire aux deniers, diſant, qui de 7 ſ en oſte 10 il ne peut: faut empruter vn ſol ſur les 58 ß, l'adiouſtāt auec 7 ſ,
& ſerōt 19 ſ deſquels en faut oſter les 10 ſ, & reſterōt 9 ſ, & puis faut
venir aux 58 ß, qui ne valent que 57 pour raiſon d'vn ſol emprunté, &
dire, qui de 7 ß en oſte 9 il ne peut, faut emprunter vne dixaine ſur
le 5 l'adiouſtāt auec le 8 lequel ne faut tenir que pour 7 & ſerōt 17 ß,
deſquels en faut oſter les 9 & reſterōt 8 puis faut venir au 5 qu'il ne
faut tenir que pour 4 à cauſe de la dixaine empruntee, adiouſtant
ledit 4 auec ledit 1 qui eſt au deſſoubs, & ſeront 5 deſquels en faut
oſter 2 & reſteront 3 puis paracheuer ledit exéple, en ayant ſouuenance du piſtolet emprunté, comme il ſe verra marqué d'vn petit
poinct, & on trouuera le reſtant de ladite ſoubſtraction. Auſſi de
ſoubſtraire

ſoubſtraire 99 ♈ piſtolets 32 ß 9 ſ de 235 ♈ piſtolets de ladite valeur de 58 ß ſ, faut faire vn emprunt d'vn piſtolet ſur la premiere figure du nombre des autres, en figurant 58 ß ſur 32 ß de la paye, puis
paracheuer ladite ſoubſtraction, comme a eſté dit, & le reſtant ſera
135 ♈ 25 ß 3 ſ. Et pour faire la preuue deſdits deux exemples, faut
adiouſter la paye auec le reſte, & faut qu'il reſſemble le debte comme dit eſt.

Exemple.

58						58 ß				
35 4	♈	10	ß	7	ſ		2 3 5	♈			
16 9	♈	29	ß	10	ſ		99	♈	32	ß	9 ſ
18 4	♈	3 8	ß	9	ſ		135	♈	25	ß	3 ſ
3 5 4	♈	10	ß	7	ſ		235	♈			

De ſoubſtraire par eſcus piſtolets, les faiſant valoir 58 ß 6 ſ.

POVR ſoubſtraire 2907 ♈ 42 ß 2 ſ de 5001 ♈ 29 ß 11 ſ ſ,
regardant que les 29 ß 11 ſ du debte ne ſont ſuffiſans de
payer les 42 ß 2 ſ de la paye, combien que les 11 ſ ſoyent ſuffiſans
pour payer les 2 ſ, il eſt de beſoin d'emprunter vn piſtolet ſur la
premiere figure du nombre des autres, en figurant 58 ß 6 ſ, ſur
les 29 ß 11 ſ : puis pratiquer ainſi, adiouſtant les 6 ſ auec les 11 ſ,
qui feront 17 deſquels en faut oſter les 2 ſ, & reſteront 15 ſ, qui ſont
1 ſol & 3 ſ, leſquels 3 ſ faut poſer au deſſoubs de la ligne, & adiouſter
ledit ſol auec les 8 & les 9 & feront 18 deſquels en faut oſter les 2 de
la paye, & reſteront 16 ß, dont en faut poſer 6 au deſſoubs de l'exemple, & adiouſter la dixaine qui reſte auec le 5 & le 2 & en viendra 8
deſquels en faut oſter les 4 de la paye, & reſtera 4 qu'il faut figurer au deſſoubs de l'exemple : puis paracheuer l'exemple, ayant
ſouuenance de l'eſcu emprunté, & en ce faiſant on trouuera
2023 ♈ piſtolets 46 ß 3 ſ pour le reſtant de ladite ſoubſtraction. Or pour en faire la preuue faut premierement adiouſter les
2 ſ de la paye auec les 3 ſ du reſte, qui feront 5 auquel 5 faut adiouſter 12 ſ qui eſt vn ſol, l'empruntant ſur les 42 ß de la paye, & feront

17 ℊ, defquels 17 ℊ faut foubftraire lefdits 6 ℊ, & refteront lefdits 11 ℊ,
qu'il faut figurer au deffoubs de la ligne de l'exemple: puis venir aux
42 ℬ de la paye, qu'il ne faut tenir que pour 41 ℬ, pour raifon du fol
emprunté, & les adioufter auec les 46 ℬ qui reftent, difant en cefte
forte 1 & 6 font 7 auquel 7 faut adioufter vne dixaine, empruntant
icelle dixaine fur les 4 dixaines des 42 ℬ, laquelle dixaine faut adioufter auec lefdits 7 ℬ, & feront 17 defquels en faut ofter lefdits 8
& refteront 9 ℬ, qu'il faut figurer au deffoubs de la ligne : puis faut
adioufter auec les 4 qui reftent, les 4 qu'il ne faut tenir que pour 3
pour raifon de la dixaine empruntee, & feront 7 defquels 7 en faut
ofter les 5 qui ont efté adiouftez fur le 2 dudit debte, & refteront 2
qu'il faut mettre auant le 9 au deffoubs de la ligne, & retenir vn efcu
piftolet pour l'adioufter auec les autres de la paye & auec le refte
dudit exẽple, & on trouuera par ladite preuue les 5001 ∇ 29 ℬ 11 ℊ,
du debte. Et auffi pour foubftraire 156 ∇ 49 ℬ 10 ℊ de 509 ∇, le tout
piftolets, à la raifon dite de 58 ℬ 6 ℊ ℔ voyant qu'il n'y a point de
fols & deniers fur le debte, pour en ofter les fols & deniers de la paye,
faut emprunter vn efcu fur les 9, premiere figure du nombre, ledit efcu piftolet de 58 ℬ 6 ℊ, & les figurer au deffus des 49 ℬ 10 ℊ : puis faire ladite foubftraction auec fa preuue, au correfpondant à la declaration de l'autre exemple fufdit.

Exemple.

58 ℬ　6 ℊ ℔	58 ℬ　6 ℊ ℔
5001 ∇ 29 ℬ 11 ℊ	509 ∇
2907 ∇ 42 ℬ　2 ℊ	156 ∇ 49 ℬ 10 ℊ
2093 ∇ 46 ℬ　3 ℊ ℔	352 ∇　8 ℬ　8 ℊ ℔
5001 ∇ 29 ℬ 11 ℊ ℔	509 ∇ piftolets.

Aduertiffement.

POVR ne me rendre tant prolixe, n'eft befoin que ie propo-
pofe autres exemples de foubftraire d'aucunes efpeces d'or ni
d'argent, car l'explication des fufdites foubftractions baillera affez
d'intel-

d'in telligence pour toutes autres qu'on pourroit propoſer.

Soubſtraction par liures, onces, pour le dechet des marchandiſes par poids,
la liure de 16 onces, dont les caracteres de la liure & onces,
ſont tels ℔ oȝ.

RESVPPOSANT qu'vne marchandiſe embalee poiſe 2354 ℔ & demie, il faut figurer 8 onces pour ½ ℔ & la tare, c'eſt à dire l'embalage poiſe 359 ℔ 12 oȝ. Pour ſçauoir combien il y a de marchandiſe nette, faut dire, qui de 8 onces en oſte 12 il ne peut: faut emprunter vne liure de 16 oȝ, ſur la prochaine figure des liures, l'adiōuſtât auec les 8 oȝ, qui ferōt 24 oȝ, deſquelles en faut oſter les 12 & reſterōt 12 oȝ puis faut ſoubſtraire les liures des liures du moyē dit aux exemples precedens, & on trouuera que de ladite marchandiſe embalee, en ayant oſté ladite tare, reſtera 1994 ℔ 12 oȝ net : Et pour faire la preuue faut adiouſter la tare auec le net, & faut qu'il reuienne le poids de la marchandiſe embalee. Auſſi pour ſoubſtraire 68 ℔ 10 oȝ, & demie figuree ainſi ½ de 450 ℔, faut emprunter vne liure ſur la prochaine figure du nōbre des autres liures, qui eſt de 16 oȝ, deſquelles faut emprunter vne once pour payer la demie once, & dire, qui de ladite once (qui vaut deux demies) en paye la demie once, reſte vn demi: puis dire, qui de 16 oȝ (qu'il ne faut tenir que pour 15 oȝ, pour raiſon de ladite oȝ empruntee) en oſte les 10 oȝ reſte 5 & puis paracheuer ledit exemple comme dit eſt : & pour faire ſa preuue, faut proceder au correſpondant de l'autre exemple ſuſdit.

Exemple

2354 ℔ 8 oȝ marchandiſe embalee		450 ℔
359 ℔ 12 oȝ tare de ladite marchandiſe		68 ℔ 10 oȝ ½
1994 ℔ 12 oȝ marchandiſe nette		381 ℔ 5 oȝ ½
2354 ℔ 8 oȝ preuue		450 ℔

De ſoubſtraire pour le dechet des ſoyes, & autres ſortes de marchandiſes qui
ſe poiſent par liures, onces, deniers & grains, la liure de 15 oƞ,
l'once de 24 ß, & le denier de 24 grains, dont les
caracteres ſont tels, ℔, oƞ, ß & gr.

POVR ſoubſtraire 19 ℔ 11 oƞ 17 ß 20 gr. de 253 ℔ 10 oƞ 15 ß 18 gr. faut commencer à ſoubſtraire par les grains, diſant, qui de 18 gr. en oſte 20 il ne peut faut emprunter vn denier ſur les 15 ß qui vaut 24 gr. diſant, qui de 24 en oſte les 20 reſte 4 qu'il faut adiouſter auec 18 grains, & ſeront 22 grains de reſte: puis faut venir aux 15 ß ne les prenant que pour 14 ß pour raiſon du denier emprunté, diſant, qui de 14 ß oſte 17 ß il ne peut: faut emprunter vne oƞ ſur les 10 oƞ qui vaut 24 ß, & dire, qui de 24 ß en oſte 17 reſte 7 ß, qu'il faut adiou ſter auec les 14 & ſerōt 21 ß reſtās, puis venir aux onces & aux liures, & faire au correſpōdāt des deniers & grains: & en ce faiſant on trou uera le reſtant de ladite ſoubſtraction, & pour faire ſa preuue ſe faut ſeruir au correſpondant du moyen qui a eſté dit cy deuant aux au tres ſoubſtractions. Auſſi pour ſoubſtraire 24 ℔ 9 oƞ 11 ß 16 gr. de 340 ℔, faut faire emprunt d'vne ℔ qui eſt 15 oƞ ſur les liures, deſquel les 15 oƞ il en faut emprunter vne oƞ, & laiſſer 14 oƞ deſſus les 9 oƞ, la quelle oƞ empruntee vaut 24 ß deſquels 24 ß faut emprunter vn de nier, qui vaut 24 grains, & reſteront 23 ß qu'il faut figurer ſur les 11 ß, & les 24 grains ſur les 16 grains, puis paracheuer ladite ſoubſtra ction au correſpondant des autres ſoubſtractions. Ce faiſant, on trouuera ſon reſtant, & ſuiuant ceſte declaration les deux exemples ſuſdits ſont figurez cy deſſoubs auec leurs preuues.

Exemple.

	14 oƞ 23 ß 24 gr.
253 ℔ 10 oƞ 15 ß 18 gr.	340 ℔
19 ℔ 11 oƞ 17 ß 20 gr.	24 ℔ 9 oƞ 11 ß 16 gr.
233 ℔ 13 oƞ 21 ß 22 gr.	315 ℔ 5 oƞ 12 ß 8 gr.
253 ℔ 10 oƞ 15 ß 18 gr.	340 ℔

De

De ſoubſtraire par marcs, onces, deniers & grains, pour raiſon de l'or &
l'argent qui ſe poiſe au marc de 8 ⊕, l'once de 24 ℈, le denier
de 24 grains, dont le caractere du marc
eſt tel m^a

P OVR ſoubſtraire 2 m^a 5 ⊕ 20 ℈ 21 grain, de 10 m^a 1 ⊕ 15 ℈ 17
grains, faut commencer à ſoubſtraire les grains des grains, &
les deniers des deniers venant aux onces & aux marcs, pour l'acheuement de l'exemple, en le pratiquant au correſpondant de l'exemple precedent propoſé par liures, ⊕, deniers & grains, ſauf qu'à l'emprunt du marc, le faut tenir pour 8 ⊕.

Exemple.

10 m^a 1 ⊕ 1 5 ℈ 17 gr.
 2 m^a 5 ⊕ 20 ℈ 2 1 gr.
─────────────────────────
 7 m^a 3 ⊕ 1 8 ℈ 2 0 gr.
─────────────────────────
10 m^a 1 ⊕ 1 5 ℈ 17 gr.

Aduertiſſement ſur la ſoubſtraction.

P OVR euiter toute prolixité & obſcurité, ie n'ay voulu
proposer cy apres d'auantage d'exemples de ſoubſtraction,
pource que les ſuſdits ſuffiront aſſez pour bailler intelligence à
tous autres de ſoubſtraire, combien qu'ils ſoyent differens de
valeur, pourueu, qu'on ait bien comprins les precedens exemples de ſoubſtraction: & cela faut noter pour la ſeconde eſpece de
l'Arithmetique. Et auant qu'entrer en la troiſieme qui eſt de multiplier, faut biē ſçauoir par cœur la table qu'on dit le liuret, iuſques au
nombre de 12 car il ſuffit pour faire tous cōptes de l'Arithmetique,
ſans s'amuſer à vouloir eſtudier le grand liuret, combien qu'il ne ſeroit que bon de le ſçauoir par cœur iuſques à 24 toutesfois en ſça-
chant le petit liuret qui eſt figuré cy apres, on s'en peut ſeruir facilement pour toutes multiplications.

C   2

Table du liuret.

2 fois	2	4		4 fois	4	16		6 fois	6	36		9 fois	9	81
2	3	6		4	5	20		6	7	42		9	10	90
2	4	8		4	6	24		6	8	48		10	10	100
2	5	10		4	7	28		6	9	54		2	12	24
2	6	12		4	8	32		6	10	60		3	12	36
2	7	14		4	9	36		7	7	49		4	12	48
2	8	16		4	10	40		7	8	56		5	12	60
2	9	18		5	5	25		7	9	63		6	12	72
2	10	20		5	6	30		7	10	70		7	12	84
3	3	9		5	7	35		8	8	64		8	12	96
3	4	12		5	8	40		8	9	72		9	12	108
3	5	15		5	9	45		8	10	80		10	12	120
3	6	18		5	10	50						11	12	132
3	7	21										12	12	144
3	8	24												
3	9	27												
3	10	30												

Nul ne peut estre bon Chiffreur,
Si son liuret ne sçait par cœur.

Troisieme espece de multiplier.

POVR multiplier vne somme par vne autre, faut tousiours figurer la plus grande au-dessus de la moindre, comme se verra figuré par plusieurs exemples cy apres. Premieremēt pour multiplier 579 par 4 apres auoir mis ledit 4 qui est le multiplieur sous le 9 nōbre de la somme à multiplier, & tiré vne raye au dessous de l'exemple, faut pratiquer comme s'ensuit, disant 4 fois 9 sont 36 faut poser 6 au dessoubs de la ligne à l'endroit du 4 & retenir les 3 dixaines, venant au 7 disant 4 fois 7 sont 28 & 3 que ie retiens, sont 31 faut poser 1 au dessoubs de la ligne vis à vis du 7 & retenir les 3 dixaines, puis dire 4 fois 5 sont 20 & 3 que ie retiens sont 23 qu'il faut poser entierement pour la fin de l'exemple, tellement que 579 estans multipliez par 4 feront 2316 Aussi pour multiplier 20607 par 6 apres auoir figuré l'exemple comme le premier, faut dire 6 fois 7 sont 42 faut poser 2 & retenir 4 puis dire 6 fois zero, faut poser les 4 dixaines qu'on retient,

tient,ainſi ſuiure aux autres figures dudit exemple,& on trouuera la
valeur de ladite multiplicatiõ. Or pour faire la preuue deſdits deux
exemples, commençant par le premier, qui eſt 579 qui a eſté multiplié par 4 dont eſt prouenu 2316 faut figurer à coſté de l'exemple
vne croix,puis prédre le multiplieur qui eſt 4 & le figurer à vn bout
de la croix, & venir à la multiplication, qui eſt 579 & le compter en
preuue de 9 & on trouuera pour ſa preuue 3 qu'il faut figurer à l'autre branche de croix vis à vis du 4 puis multiplier ledit 4 par le 3 &
feront 12 dont la preuue eſt 3 qu'il faut figurer au troiſieſme bout
de ladite croix pour venir à cõpter en preuue de 9 les 2316 produicts
de l'exéple ſuſdit, & ſe treuuera 3 de preuue qu'il faut figurer à l'autre branche de ladite croix au deſſoubs de l'autre 3 & faut noter
quand leſdites deux figures ſont ſemblables , aſſauoir celle du bout
d'embas de ladite croix,& celle du haut, que l'exemple de la multiplication peut eſtre bien fait. Toutesfois comme i'ay dit cy deuãt en
l'aduertiſſement de la preuue d'adiouſter , il ne ſe faut point refier à
ladite preuue de 9 & eſt meilleur de retourner repaſſer vn exemple
deux ou trois fois. Et touchãt la preuue de l'autre exemple, il la faut
pratiquer au correſpondant du premier.

Exemple.

579	preuue	20607	preuue
4	4—3	6	6—6
2316		123642	

Autres exemples de multiplier par plus d'vne figure.

OVR multiplier 2247 par 58 faut mettre les 58 qui eſt le multiplieur,au deſſoubs de 47 de la ſomme à multiplier,auec vne
ligne tout du long de l'exemple, puis multiplier ledit exemple par
la premiere figure du multiplieur,qui eſt 8 du moyen dit aux exem
ples precedens: en apres faut auſſi multiplier ledit exemple par la ſeconde figure qui eſt 5 en mettant le produit de la premiere figure
multipliee par ledit 5 à l'endroit & vis à vis dudit 5 au deſſoubs de la
ligne ,continuant ladite multiplication, en mettant les figures par

bon ordre:puis adiouſter les deux produits. Et pour faire la preuue,
faut commencer à compter en preuue de 9 les 58 dõt ſa preuue eſt 4
qu'il faut figurer au bout de la croix qui ſe met au bout de l'exemple,& paracheuer ladite preuue du moyen dit aux precedens exemples.   Et pour multiplier par plus de deux figures,comme par trois
ou quatre figures, il faut faire au correſpondant de multiplier par
deux figures,en mettant touſiours pour le premier produit du multiplieur de ſa figure au deſſoubs & à l'endroit du multiplieur, ainſi
continuant iuſques à la fin de la multiplication. Et aduenant qu'au
multiplieur il y ait des zero pour le produit de la multiplicatiõ dudit zero il ne faut que poſer vn zero au deſſoubs de la ligne de l'e-
xemple, à l'endroit & vis à vis dudit zero qui ſera multiplieur. Car
de mettre autant de zero au produit de la multiplication, comme il
y a de figures au nombre qu'on multiplie, ainſi que pluſieurs font,
ce ſeroit vne prolixité:& cela faut noter.Et ſuyuãt ceſte declaration
on trouuera figuré cy apres outre le premier exemple deux autres
differens l'vn de l'autre.

Exemple.

2247		92014		307057
58		760		4008
———	preuue	———	preuue	———
17976	6	5520840	1	2456456
11235	4—+—6	644098	4—+—7	1228 22800
———	6	———	1	———
130326		6993 0640		123068 4456

preuue (troisième): 3 — 3—+—4 — 3

La quatrieme eſpece eſt de partir.

PARTIR n'eſt autre choſe que diuiſer vn nombre en autãt
de parties comme il eſt requis : Comme par exemple de
partir 9758 en 4 parties,pour ſçauoir le produit d'vne cha
cune,faut figurer l'exemple,comme ſe verra cy apres , & mettre le 4
qui eſt le partiteur, au deſſoubs du neuf premiere figure du coſté de
main gauche, puis faire vne raye à la fin de l'exemple, ioignant le 8
derniere figure de l'exemple, diſant, en 9 quantes fois 4 il y peut entrer

trer deux fois, lequel 2 faut mettre apres la ligne : puis multiplier
les 4 par les 2 & feront 8 qu'il faut tirer du 9 en ceste forte, difant 8 de
9 c'eft à dire, qui de 9 ofte 8 refte 1 qu'il faut figurer au deffus du 9 en
rayant le 9 & ledit 4 puis mettre le 4 dit partiteur au deffoubs du 7
& fe trouuera 17 fur l'exemple, difant, en 17 quantes fois 4 il y peut
eftre 4 fois, lequel 4 il faut figurer apres le 2 difant 4 fois 4 font 16
qu'il faut foubftraire de 17 ce qu'on voit apertement qu'il en reftera
vn. Mais pour la facilité de faire ladite partition, la faut pratiquer en
cefte forte, pour tirer 16 de 17 faut foubftraire nombre de nombre,
& dixaine de dixaine, comme le 6 du 7 & en reftera vn, qu'il faut figurer fur le 7 en rayant ledit 7 & ledit 4 partiteur : puis foubftraire
ladite dixaine de l'autre dixaine, difant, vn de vn, refte rien, en rayant
ladite dixaine qui eft fur le 9 puis figurer le 4 dit partiteur, au deffoubs du 5 qui auec ledit vn, qui eft fur le 7 feront 15 difant, en 15 quã-
tes fois 4 on trouuera qu'il y peut entrer 3 fois, qu'il faut figurer a-
pres le 2 & le 4 puis multiplier ledit 4 partiteur par ledit 3 & ferõt 12
qu'il faut tirer de 15 comme dit eft, affauoir nombre de nombre, &
dixaine de dixaine : puis retourner pofer le 4 dit partiteur, au deffoubs du 8 derniere figure du nombre à partir, & fe trouuera 38 &
dire, en 38 quantes fois 4 lon trouuera 9 fois, qu'il faut mettre apres
les autres figures produites de la partition, difant 4 fois 9 font 36 lefquels faut ofter des 38 comme dit eft, & reftera 2 pour la fin de ladite partition, & fon produit fera 2439 & reftera fur la partition 2 à
partir par ledit partiteur. Et pour faire la vraye preuue de ladite
partition, faut multiplier le produit d'icelle par fon partiteur, qui
eft 4 & à la multiplication y adioufter le 2 reftant fur icelle, & faut
qu'il en vienne iuftement les 9758 qui eft la fomme partie par ledit 4 autrement ladite partition feroit fauffe, ou bien le produit de
ladite partition auroit efté mal multiplié.

Exemple

Exemple.

$$
\begin{array}{c}
\not{1}\;\not{1}\;\not{3}\;2 \\
\not{9}\,\not{7}\,\not{5}\,\not{8}\,|\,2439 \\
\not{4}\,\not{4}\,\not{4}\,\not{4}\,|\quad 4 \\
\hline
9756 \\
2 \\
\hline
9758 \quad \text{Preuue}
\end{array}
$$

Aduertissement sur la partition.

AVANT que passer plus outre sur la partition, ie te veux bien aduertir que pour partir par vne figure, il se peut faire plus bref que ie n'ay fait cy dessus à l'exemple susdit à partir par 4 car il ne faudroit prendre que le quart du nõbre à partir, ou le tiers, si c'estoit par 3 ou le quint, si c'estoit par 5 &c. principalement pour ceux qui sont degrossez en ladite partition: mais touchãt ceux qui n'ont encores instruction, il faut que premierement ils estudient ladite partition du moyen que dessus est dit, pour raison de mieux comprendre celles qui s'ensuiuent, qui sont à partir de plus que d'vne figure. Et cela faut noter.

POVR partir 305019 par 19 faut figurer le 19 qui est le partiteur au dessoubs des deux premieres figures qui font 30 & dire, en 3 quantesfois 1 il faut bien aduiser de ne mettre tant pour son produit, qu'il ne reste sur ledit 3 pour soubstraire la multiplication du produit de la seconde figure du partiteur : car il n'y a que le premier nombre du partiteur qui partisse, & l'autre multiplie ce que le premier a parti: par ainsi faut tourner dire, en 3 quantes fois 1 ayant bien aduisé quil n'y peut entrer qu'vne fois, dont faut poser vn apres la ligne de la partition, disant, vne fois vn est vn qu'il faut tirer de 3 reste 2 les figurant sur ledit 3 en rayant ledit 3 & aussi ledit vn partiteur, pour venir à multiplier les 9 seconde figure du partiteur, par ledit vn, & seront tousiours 9 qu'il faut soubstraire de 20 qui se trouue sur l'exemple en ceste sorte, disant 9 de zero, il ne peut : dont faut em-

prunter

prunter vn fur le 2 lequel emprunt vaut 10 defquels en faut tirer 9 &
reftera 1 qu'il faut figurer fur le 0 en rayant ledit 0 auec ledit 9 du
partiteur, & auffi rayer le 2 en figurât 1 au deffus pour raifon del'emprunt, puis tourner figurer les 19 dit partiteur, affauoir 1 foubs la partitiõ au deffous dudit 9 rayé, & le 9 au deffous du 5 de l'exéple de ladite partitiõ, & fe trouuera 115 à partir par lefdits 19 difant, en 11 quã-
tes fois 1 ayãt biẽ aduifé qu'il n'y peut entrer 9 ni 8 ni 7 par la raifon
dite cy deuãt: par ainfi audit 11 n'y peut entrer q̃ 6 fois, faut mettre ledit 6 apres ledit 1 fuiuãt la ligne, & dire 6 fois 1 qui eft le partiteur, fõt
toufiours 6 qu'il faut foubftraire defdits 11 & refteront 5 qu'il faut
mettre au deffus defdits 11 en les rayant , & ledit 1 partiteur : puis
multiplier le 9 feconde figure du partiteur par ledit 6 & feront 54
qu'il faut foubftraire de 55 qu'on trouuera à l'exemple du moyen dit
cy deuant, de tirer nombre de nombre & dixaine de dixaine, difant,
premierement 4 de 5 qui eft fur le 9 refte 1 qu'il faut figurer fur ledit
5 en rayant iceluy 5 & le 9 & dire 5 dixaines de 5 dixaines refte rien,
lequel 5 & les autres figures qui ont ferui, les faut rayer, puis continuer la partition iufques à l'acheuement d'icelle, tellement que de
fon produit en viendra 16053 & reftera fur la partition 12 à partir audit partiteur qui eft 19 qu'il n'eft de befoin que ie baille à entendre
qu'il fe doit faire defdits 12 reftans, iufques à tant que ie feray aux
reigles des negoces que ladite partition y fera requife. Auffi de partir 190011 par 99 apres auoir figuré l'exemple comme fe verra cy deffoubs, le faut pratiquer en cefte forte, difant, en 19 quantes fois 9 ayãt
bien aduifé qu'il ne peut entrer qu'vne fois, difant, vne fois 9 eft 9
qu'il faut tirer de 19 en cefte forte 9 de 9 demeure zero qu'il faut figurer au deffus dudit 9 en rayant ledit 9 & auffi l'autre 9 qui eft partiteur, pour venir à multiplier le fecond 9 du partiteur par ledit 1 &
feront toufiours 9 qu'il faut tirer de 100 qu'on trouuera figuré fur la
partition, en cefte forte, prenant le premier zero pour 10 & le fecond
pour 9 & ledit 1 auant les deux zero demeurera pour rien, difant 9
de 10 refte 1 qu'il faut figurer fur le premier zero & 9 fur le fecond:
tellement qu'ayant tiré 9 dudit 100 en reftera 91 & ainfi continuant
ladite partition iufques à l'acheuemẽt d'icelle : deforte que ladite

D

somme eſtât partie par 99 on trouuera qu'il en viendra 1919 & reſtera ſur la partition 30 Faut noter qu'en faiſant vne partition, s'il ſe
trouue que le partiteur ſoit de plus grâde valeur que le nôbre à partir, faut mettre pour ſon produit vn zero, en rayant le partiteur
pour le paſſer plus outre à ſon exemple, & ne rayer ce qui eſt ſur la
partition. Et pour faire la preuue deſdites deux partitions, faut multiplier le produit d'vne chacune par ſon partiteur, & à la multiplication y adiouſter les reſtans des partitions : & faut qu'il en vienne du
produit de chacune multiplication les ſommes qui ont eſté parties:
& cela faut noter.

Exemples.

	I			2	
15	3		1193		
21152			9001		
30501 9	16053		01920		
199999	19		190011	1919	
11111 44477			99999	99	
16053			999 17271		
12			17271		
305019 preuue			30		
au vray			190011 preuue vraye		

Autre aduertiſſement ſur la partition.

AVANT que paſſer plus outre aux exemples de partir, ie me ſuis
aduiſé d'vne methode de parler en faiſant les partitions, laquelle eſt plus brieue & plus aiſee à comprédre que celle q̃ pluſieurs
maiſtres d'eſchole enſeignét à leurs eſcoliers, pour n'auoir apris que
de certains autheurs qui n'auoyent le vray vſage de l'art & pratique.
Ma methode eſt telle, en faiſant vne partition, ie ſoubſtrais nombre
de nombre, & dixaine de dixaine, comme i'ay dit aux exemples precedens, pource que ledit moyen depend de la ſoubſtraction, comme
on peut voir par les declarations de leurs exemples propoſees cy deuant

uant: & la methode defdits maiftres d'efchole eft telle quãd ils font
vne partition: comme par exemple, fi de 53 ils veulent tirer 48 ils
difent 48 de 50 refte 2 & 3 font 5 & retiennent 5 & difent 5 de 5
refte rien. Or voila leur belle methode qui ne depéd d'aucune autre
reigle, qui eft caufe que ceux qui l'ont apprife & l'apprendront, ne
feront iamais bien ftilez à la partition, & en font & feront plufieurs
fauffes. Car il eft bien apparent que puis que i'enfeigne la partition
d'vne partie du moyen que i'enfeigne la foubftraction, elle ne peut
eftre que facile à comprendre,& plus affeuree de ne faillir point que
la faifant autrement, pource qu'il y a de l'art. Auffi il faut entendre
que la reigle de partition depend des autres trois efpeces, affauoir de
l'addition, & principalement de la multiplication & foubftraction.
Et pour cefte raifon, pour la bien comprendre il fe faut donques ai-
der defdites autres reigles, comme i'ay dit cy deffus : & cela faut
noter.

OVR partir 530763 par 679 apres auoir figuré l'exemple
comme il appartient, faut dire, en 53 quantes fois 6 ayant
bien aduifé qu'il n'y peut entrer 9 ni 8 fois pour raifon que le reftat
qui fe trouueroit fur la partition ne feroit fuffifant pour foubftraire
le produit de la multiplication des autres deux figures du partiteur.
Car il faut toufiours auoir efgard de ne figurer pour le premier partiteur vne figure qui foit de fi haute valeur,que le produit de la mul
tiplication des autres fuiuantes audit premier partiteur ne foit fuffifant pour eftre foubftrait du reftant qui fe trouuera fur la partition.
Auffi faut noter que fi la premiere figure du partiteur eft de plus grã-
de valeur que la premiere figure du nombre qui eft à partir, qu'il la
faut mettre foubs la feconde figure dudit nombre qui eft à partir, comme l'exemple le monftre : Or pour continuer le fufdit
exemple,faut dire, en 53 quantes fois 6 ayant aduifé qu'il n'y peut
entrer que 7 fois, & dire 6 fois 7 font 42 qu'il faut foubftraire
de 53 comme dit eft,& reftera fur la partition 110 puis faut multiplier le 7 fecond partiteur par le 7 produit du premier, & feront

4 9 qu'il faut ofter des 110 comme cy deuant eft dit, & reftera fur la partition 6 1 7 puis dire 7 fois 9 font 6 3 qu'il faut ofter du 6 1 7 du moyen dit, & paracheuer ladite partition comme elle a efté commencee: & à la fin d'icelle on trouuera ce qui en doit venir. Et qui voudroit partir par plus que de trois figures, il le pourra aifément faire, pourueu qu'il aye bien comprins & eftudié l'exemple fufdit, car ce ne feroit que prolixité de faire autre declaration touchant ladite reigle de partir. Toutesfois ie me fuis aduifé de figurer vn autre exemple de partir cy apres, par plus que trois figures, fans en bailler l'explication, à caufe de prolixité, lequel exemple mal aifément peut on faire de la premiere fois, qu'il ne fe trouue faux pour raifon de la difficulté d'iceluy: mais ayant bien comprins les precedens exemples, on le pourra faire dés la premiere fois, qui fe trouuera bõ, lequel exemple eft tel, de partir 19999100007 par 99999 pour en fçauoir fon produit, on trouuera ledit exemple figuré cy deffoubs apres le premier, fait comme il appartient, auec la vraye preuue à vn chacun defdits deux exemples. Et qui fe voudroit feruir aux exemples de partir de la preuue de 9 laquelle n'eft certaine pour les raifons dites, l'explication en eft telle, faut premierement figurer vne croix à cofté de l'exemple, & compter premierement en preuue de 9 le partiteur d'iceluy mettãt fon produit à vn des bouts de la croix, pour venir à compter la preuue du produit de l'exemple, le mettant a l'autre bout de la croix vis à vis de la preuue du partiteur: puis multiplier lefdites deux figures de preuue l'vne par l'autre, & tirer la preuue du produit de la multiplication pour l'adioufter auec le reftant, qui fe trouuera fur l'exemple de la partition, comptant le tout en preuue de 9 & la figure du produit qui viendra de ladite preuue, la faut mettre au troifieme bout de la croix pour venir à compter en preuue de 9 le nombre qui aura efté parti : & faut que de fa preuue en vienne femblable figure à celle du troifieme bout de la croix, laquelle faudra figurer au quatrieme bout de ladite croix: & auffi fuiuant ladite declaration de preuue, elle fe trouuera faite aux deux exemples fufdits, qu'on trouuera figurez cy deffoubs auec leur refponce:

Exem-

Exemple

```
  4                        12                        o
  4                        93          preuue      o—+—4
 15                       012                        o
5716  preuue 4—+—7       1829
6587          6          9930
111444                  00182
530763 | 781           188299
 67999 | 679           999300
  677  7029           000188 2
  6   5467            1888299
  4   686            99991888 2
      464           000029999
530763  preuue     19991 00007 | 199993
                   999999999 |  99999
                    9999999  1799937
                     99999   1799937
                      9999   1799937
                       99    1799937
                             1799937
                   199991 00007  preuue
```


Responce desdictes deux partitions..

LV produit de la premiere partition en est venu 781 & 464
restans sur la partition, & du second 199993, & n'a rien re-
sté, qui est pour la fin de l'instruction de la partition : & ensuit cy a-
pres les quatre especes du nombre rompu assauoir adiouster, soubstraire, multiplier, & partir : & auant qu'entrer en icelles, ie fay 5 de-
monstrations auec la maniere & pratique d'abreuier en nombre
rompu.

Premiere demonstration pour entrer aux nombres rompus..

LA premiere demonstration du nombre rompu est de sçauoir
que c'est de nombre rompu : faut entendre que nombre rompu

pu n'eſt autre choſe qu'vne ou pluſieurs parties procedantes d'vne
choſe entiere, comme d'vne aulne ou autre meſure, de poids, ou de
toute autre choſe qui ſe peut mettre en deux, trois ou pluſieurs parties: lequel nombre rompu ſe compoſe de deux figures ou de pluſieurs, les vnes ſur les autres, auec vne petite ligne entre deux, & préd
variation de nom, car celuy de deſſus prend le nom de numerateur,
tel qu'il eſt: comme ſi c'eſt vn, il eſt appelé vn: s'il eſt 2 il eſt appelé
2 &c. Et celuy de deſſoubs préd le nom de denominateur, car s'il eſt
figuré 2 il eſt dit demi ou moitié: s'il eſt 3 il eſt dit tiers: cóme par
exemple de trois quarts, lequel ſe figure ainſi en fraction $\frac{3}{4}$ qui ſont
les trois parts de l'entier, à raiſon que les quatre quarts font l'entier,
faut entendre que 3 eſt le numerateur, & le 4 eſt le denominateur:
ainſi des deux tiers, ou de quatre quints, ou cinq ſixiemes, leſquels ſe
figurent ainſi $\frac{2}{3}$ $\frac{4}{5}$ $\frac{5}{6}$ & cela faut noter pour la premiere demon-
ſtration.

L A SECONDE demóſtration eſt d'entédre qu'on peut mettre vne
choſe entiere en pluſieurs parties correſpondantes en icelle, &
communement vne aulne ou autre meſure ſe depart premierement
en deux demies, quatre quarts, huict huictieſmes, trois tiers, ſix ſixiemes, & autres parties qui peuuent faire l'entier, dont le demi ou la
moitié de l'entier ſe figure ainſi $\frac{1}{2}$ le quart $\frac{1}{4}$ le huictieſme $\frac{1}{8}$ le tiers $\frac{1}{3}$
le ſixieme $\frac{1}{6}$ &c. De ſorte qu'il faut noter q̃ d'vn demi pour aller à ſo
entier, il s'en faut encor vn autre demi: de $\frac{1}{4}$ aller à ſon entier il s'en
faut $\frac{3}{4}$ de $\frac{1}{8}$ aller à ſon entier, il s'en faut $\frac{7}{8}$ de $\frac{1}{3}$ aller à ſon entier il
ſ'en faut $\frac{2}{3}$ de $\frac{1}{6}$ aller à ſon entier, il s'en faut $\frac{5}{6}$ & ainſi de tous autres
rómpus qui peuuent eſtre propoſez pour en ſçauoir leurs entiers: car
les deux demis font l'entier, les 4 quarts font l'entier, les trois tiers
font auſſi l'entier. &c

L A TROISIESME demonſtratió eſt de ne figurer iamais vn rompu que le numerateur ſoit de plus grand valeur que le denominateur, car autrement il repreſenteroit l'entier: comme par exem-
ple $\frac{3}{2}$ $\frac{8}{3}$ $\frac{6}{2}$ $\frac{7}{6}$ &c. tous leſquels rompus ainſi figurez repreſentent
                                                        entiers:

entiers: & pour le cognoiftre, pour le premier qui eft $\frac{3}{2}$ il ne faut
que partir 3 par 2 il en viendra vn entier & demi, & ainfi faut faire
des autres rompus enfuiuans le premier, en partiffant toufiours le numerateur par le denominateur, & de leurs partitiõs en viendrõt leurs
entiers, auec la partie rompue defdits entiers: & cela faut noter pour
la troifieme demonftration.

LA QVATRIEME demonftration eft de ne figurer vn rõpu, que
premieremẽt on n'aye regardé f'il fe peut abreuier ou nõ, tant le
numerateur que le denominateur, c'eft à dire fi tous deux fe peuuẽt
medoyer, tierfoyer, quartoyer, c'eft à dire, prẽdre la moitié, le tiers,
le quart, le fixieme, le feptieme, le huictieme, le neufieme, le dixieme, l'onzieme, & le douzieme, &c. en forte qu'en prenant les parties
fufdites, il ne puiffe rien refter fur le numerateur ni fur le denominateur, ains qu'il en vienne iuftement ce qu'on demãde: comme par
exẽple de ces trois parties rõpues, affauoir $\frac{4}{8}$ $\frac{6}{8}$ $\frac{4}{6}$ &c. lefquels fe peuuent abreuier, affauoir le premier rõpu par quart, & les autres deux
par moitié, comme ledit premier qui eft $\frac{4}{8}$ difant, le quart de 4 eft 1
& le quart de 8 eft 2 ainfi figuré $\frac{1}{2}$ le fecond qui eft $\frac{6}{8}$ il fe peut abbreuier par moitié, difant, la moitié de 6 eft 3 & la moitié de 8 eft 4
ainfi figuré $\frac{3}{4}$ & la troifieme qui eft $\frac{4}{6}$ fe peut auffi abreuier par moitié, difant, la moitié de 4 eft 2 & la moitié de 6 eft 3 ainfi figuré $\frac{2}{3}$ par
ainfi au lieu de mettre quatre huictiemes, faut figurer $\frac{1}{2}$ pour fix
huictiemes, figurer $\frac{3}{4}$ & pour quatre fixiefmes, faut figurer $\frac{2}{3}$ & cela faut noter pour la quatrieme demonftration.

LA CINQVIEME & derniere demonftration eft de cognoiftre
la valeur des fractions qui font moitié les vnes des autres com-
me celles cy $\frac{1}{4}$ $\frac{1}{8}$ $\frac{1}{16}$ & $\frac{1}{32}$ premierement $\frac{1}{4}$ eft la moitié d'vn demi,
pource que audit demi il y a deux quarts $\frac{1}{8}$ eft la moitié d'vn quart
pource quil y a deux huictiemes audit quart $\frac{1}{16}$ eft la moitié d'vn
huictieme, pource qu'il y a deux feiziemes audit huictieme: & $\frac{1}{32}$ eft
la moitié d'vn fezieme, pource qne audit fezieme il y a deux trente-
deuxiemes. Et faut noter que les fufdites fractions dependent du

quart:& enfuit aufsi les fractions qui font moitié les vnes des autres,
qui dependent d'vn tiers,affauoir $\frac{1}{6}$ $\frac{1}{12}$ $\frac{1}{24}$ $\frac{1}{48}$ &c.Premierement vn
fixiefme, eft la moitié d'vn tiers: vn douziefme eft la moitié d'vn fi-
xiefme:vn vingtquatrieme,eft la moitié d'vn douzieme : & vn qua-
rántehuictieme,eft la moitié d'vn vingtquatrieme,pource que deux
quarantehuictiemes eftans abreuiez par moitié font iuftement vn
vingtquatrieme : & cela faut noter pour la cinquieme & derniere
demonftration.

<h3 style="text-align:center">La maniere & pratique d'abreuier en nombre rompu.</h3>

POVR abreuier en nóbre rompu,c'eft à dire, pour reduire vne
grande fraction incognue à vne moindre cognue , fans toutesfois la diminuer de fa valeur.Or auant qu'entrer aux abreuiatiós,
faut aduifer fi à la fraction qu'on voudra abreuier, y aura moitié,
tiers, quart, ou autres parties cognues tant au numerateur qu'au denominateur,comme dit eft à la quatrieme demonftration. S'entend
que la partie qu'on voudra prendre fe troúue iuftement tant au numerateur qu'au denominateur,fans rien refter: comme par exemple
pour abreuier cefte fraction $\frac{36}{72}$ en partie plus cognue qu'elle n'eft:
ce qui fe peut aifement faire par moitié,tiers,& quart. Mais pour la
pluftoft abreuier,i'ay aufsi aduifé qu'elle fe peut aifémět abreuier par
fixieme : par ainfi faut prendre la fixieme de 36 qui eft 6 qu'il faut
figurer au deffoubs des 72 auec vne petite raye : puis prendre la fixieme de 72 ainfi la fixieme de 7 eft vn, & refte vn,qui vaut 10 a-
uec les 2 font 12 tellement que des $\frac{36}{72}$ en viendra premierement
fix douziemes,qu'il faut aufsi abreuier par fixiemes , & en viédra iuftement $\frac{1}{2}$ & faut noter qu'auant que prendre la partie laquelle on
veut abreuier,faut figurer fa fraction à cofté de l'exemple,comme fe
verra cy apres : & cela faut noter tant pour ledit exemple, que pour
les autres qui s'enfuiuent. Et aufsi pour abreuier 2880 pour numerateur de 4608 apres auoir figuré lefdites deux parties , mettant le
denominateur au deffoubs du numerateur,auec vne raye au milieu,
il eft apparent que ladite fraction fe peut bien abreuier par moitié,
par tiers,par quart , ou pour le plus expedient il la faut abreuier par
quart

quart tant qu'on pourra, & on trouuera qu'il en viendra $\frac{45}{72}$ qui se peuuent abreuier par tiers, iusques à tant qu'on trouuera $\frac{5}{8}$ pour le produit de la fraction susdite & suiuant ceste instruction, les deux exemples d'abreuier sont figurez cy apres.

Exemple.

$$\frac{1}{6} \qquad \frac{36}{72}$$
$$6$$
$$\overline{12}$$

Responce $\frac{1}{2}$ pour ladite fraction.

$$\frac{1}{4} \quad 2880$$
$$\overline{4608}$$
$$720$$
$$\overline{1152}$$
$$180$$
$$\overline{288}$$
$$\frac{1}{3} \quad 45$$
$$\overline{72}$$
$$15$$
$$\overline{24}$$

Responce $\frac{5}{8}$ pour ladite fractiõ.

Aduertissement sur les abreuiations.

QVAND on verra qu'vne fraction ne se pourra point abreuier par parties cognues, il faudra vser d'vn autre moyen d'abreuier plus expedient, sçauoir est de partir le denominateur de la fraction qui sera proposee par son numerateur, & continuant tousiours de partir le partiteur par le restant qui se trouuera sur la partition, iusques à tant qu'on ne treuue qu'vne vnité restante sur la partition, ou bien du tout rien : car il faut entendre que s'il ne reste qu'vn, que cela denote que la fraction ne se pourra point abreuier : & aduenant qu'il ne restera rien sur la partition, cela denotera que la fraction se pourra abreuier par le partiteur de ladite partition : de sorte qu'il faut noter qu'en cerchant à abreuier vne fractiõ par ledit moyen de partir, il ne faut point faire mention de ce qui vient des partitions, ains tant seulement de leurs restants : parquoy pour venir à l'effect, ie me seruiray pour exemple de 2880 numerateur de

E

4 6 0 8 de la fraction cy deuant propofee, en prefuppofant que ladit
te fraction ne fe peut point abreuier par ainfi faut premieremen-
partir les 4 6 0 8 denominateur par les 2 8 8 0 numerateur de ladite
fraction, & de ladite partition en viendra 1 n'en faifant compte,
mais bien des 1 7 2 8 qui refteront fur la partition, lequel reftant fera
partiteur de 2 8 8 0 & reftera 1 1 5 2 pour partiteur de 1 7 2 8 & reftera 5 7 6 pour partiteur de 1 1 5 2 & ne reftera rien pour la derniere partition, denotant que ladite fraction fe pourra abreuier par le
partiteur de ladite derniere partitió fçauoir eft par les 5 7 6 Parquoy
faudra donc partir les 2 8 8 0 numerateur de ladite fraction, par lefdits 5 7 6 & de la partition en viendra 5 pour numerateur de l'abre-
uiation. Et pour trouuer fon denominateur faudra partir les 4 6 0 8
denominateur de ladite fractió par lefdits 5 7 6 & en viendra 8 pour
denominateur des 5 ainfi figuré $\frac{5}{8}$ qui fera la partie cognue, trouuee
par la fufdite fraction: & cela faut noter pour vne reigle generale.

Premiere efpece eft d'adioufter en nombre rompu.

OVR adioufter en nombre rópu $\frac{3}{4}$ auec $\frac{5}{6}$ Apres auoir figuré l'exemple auec fon caractere de croix, faut multiplier le 6
denominateur du 5 par 3 numerateur du 4 & feront 18 qu'il faut
mettre au deffus des $\frac{3}{4}$ puis multiplier 5 numerateur de 6 par 4 denominateur de 3 & feront 2 0 qu'il faut mettre au deffus de $\frac{5}{6}$ pour
les adioufter auec les 1 8 le tout fera 3 8 pour nombre à partir.
Et pour trouuer fon partiteur faut multiplier 6 denominateur du
5 par 4 denominateur de 3 & feront 2 4 pour partiteur des 3 8
puis eftans partis, on trouuera qu'il en viendra vn entier, & fur icelle
partition reftera 1 4 à partir par les 2 4 qu'il faut abreuier par moitié, difant, la moitié de 1 4 font 7 & la moitié de 2 4 eft 1 2 ainfi fi-
guré $\frac{7}{12}$ Tellement que les $\frac{3}{4}$ eftans adiouftez auec les $\frac{5}{6}$ feront iuftement vn entier & $\frac{7}{12}$ & pour adioufter $\frac{1}{2}$ auec $\frac{1}{5}$ faut faire comme aux $\frac{3}{4}$ & $\frac{5}{6}$ & on ne trouuera que $\frac{7}{10}$ pour le produit de l'addition.

Exem-

Exemple.

$$\frac{38}{18\ 20} \qquad 1\,4 \qquad\qquad \frac{7}{5\ \ 2}$$
$$\frac{3}{4}\times\frac{5}{6} \qquad 3\,8\ \Big|\ 1\ \text{entier \& } \tfrac{7}{12} \qquad \frac{1}{2}\times\frac{1}{5}\ \text{reponse } \tfrac{7}{10}$$
$$24 \qquad 2\,4 \qquad\qquad 10$$
$$\qquad\qquad \tfrac{7}{12}$$

Vi voudra faire la preuue d'adiouſter en nombre rompu, elle ſe fait par ſon contraire, qui eſt de ſoubſtraire comme de l'exemple ſuſdit des $\frac{3}{4}$ adiouſtez auec $\frac{5}{6}$ qui ont rendu vn entier & $\frac{7}{12}$ pour faire ſa preuue faudroit ſoubſtraire les $\frac{5}{6}$ dudit vn entier & $\frac{7}{12}$ & en viendront les $\frac{3}{4}$ choſe prolixe, & eſt le meilleur de tourner faire ladite addition pour la vraye preuue: & cela faut noter.

Pour adiouſter pluſieurs rompus enſemble.

Povr adiouſter $\frac{4}{5}$ $\frac{5}{7}$ $\frac{5}{9}$ $\frac{3}{8}$ pour ſçauoir cõbien ſont d'entiers, premierement faut multiplier tous les denominateurs l'vn par l'autre, commençant au 9 denominateur de 5 & le multiplier par 8 & feront 72 quil faut multiplier par 7 puis ſon produit par 5 & de la multiplicatiõ totale en viendra 2520 qui eſt le ſubiect auquel ſe trouuerõt iuſtement leſdites quatre fractions rõpues, duquel ſubiect faut premierement prendre les $\frac{4}{5}$ aſſauoir prendre le quint, & multiplier ſon produit par 4 & mettre le produit de la multiplication à part pour venir à prédre dudit ſubiect les $\frac{5}{7}$ les $\frac{5}{9}$ & les $\frac{3}{8}$ par le moyé dit aux $\frac{4}{5}$ En ápres faut adiouſter enſemble ces quatre produits prouenus dudit ſubiect, & de l'addition en viendra 6161 qu'il faut partir par les 2520 ſubiect de ladite reigle, & de la partition en viendra 2 entiers & $\frac{1121}{2520}$ Et autant vaudront leſdits quatre rompus eſtans adiouſtez enſemble: & faut noter ce moyen pour s'en ſeruir à d'autres reigles pour adiouſter pluſieurs rõpus enſemble, combien que par cy apres ſera monſtré vne autre methode d'adiouſter pluſieurs rompus enſemble auec vne facilité & brefueté quand les rõpus ſeront tels, aſſauoir $\frac{1}{2}$ $\frac{3}{4}$ $\frac{5}{6}$ $\frac{7}{8}$ $\frac{15}{16}$ $\frac{11}{12}$ &c. Et ſemblablement de toutes autres parties rompues, correſpondantes à la partie de la liure de 20 ß, ou d'autre eſpece, comme auſſi ſe verra par vne table qui ſera figuree de pluſieurs parties rompues, laquelle table baillera grande

intelligence pour faire bordereaux d'aulnages, c'eſt à dire, pour adiouſter pluſieurs rõpus de ladite aulne enſemble , ſans vſer de ceſte
grande prolixité, par le moyen que i'ay dit d'adiouſter $\frac{4}{5}$ $\frac{5}{7}$ $\frac{5}{9}$ & $\frac{3}{8}$

Pour adiouſter rompus de rompus.

QVI voudroit adiouſter les $\frac{3}{4}$ de $\frac{4}{5}$ de $\frac{1}{2}$ auec les $\frac{2}{3}$ de $\frac{7}{8}$ de $\frac{5}{6}$
il faut premieremẽt multiplier les trois premiers numerateurs
l'vn par l'autre, aſſauoir 4 par 3 puis par 1 & feront 12 qu'il faut
mettre à part pour numerateur: puis multiplier les trois denominateurs l'vn par l'autre, aſſauoir 5 par 4 puis par 2 & ferõt 40 les figurãt
au deſſoubs des 12 & feront $\frac{12}{40}$ qui eſtans abreuiez par quart re-
uiennẽt à $\frac{3}{10}$ leſquels faut laiſſer à part pour reduire auſſi en vne meſme fractiõ les $\frac{2}{3}$ de $\frac{7}{8}$ de $\frac{5}{6}$ en y procedant par meſme moyẽ qu'eſt
dit aux $\frac{3}{4}$ de $\frac{4}{5}$ de $\frac{1}{2}$ & on trouuera $\frac{35}{72}$ qu'il faut adiouſter auec
les $\frac{3}{10}$ mis à part, & en viendra $\frac{283}{360}$ partie rompue d'vn entier, laquelle fraction ne ſe peut abreuier.

La ſeconde eſpece eſt de ſoubſtraire en nombre rompu.

POVR ſoubſtraire en nombre rompu cõme de $\frac{7}{8}$ en tirer $\frac{2}{3}$
faut faire le caractere de croix entre les $\frac{7}{8}$ & $\frac{2}{3}$ puis multiplier 7 numerateur de 8 par 3 denominateur de 2 &
feront 21 qu'il faut mettre à part: puis multiplier le 8 denominateur
de 7 par 2 numerateur de 3 & feront 16 qu'il faut ſoubſtraire de 21
& reſterõt 5 qu'il faut laiſſer à part pour venir à multiplier les deux
denominateurs de l'exemple l'vn par l'autre, & feront 24 qu'il faut
figurer au deſſoubs du 5 mis à part, ainſi $\frac{5}{24}$ tellement qu'ayãt ſoub-
ſtrait les $\frac{2}{3}$ de $\frac{7}{8}$ en reſtera les $\frac{5}{24}$ Or pour faire la preuue faut adiouſter les $\frac{5}{24}$ auec les $\frac{2}{3}$ & en viendra iuſtement les $\frac{7}{8}$ qui eſt pour la
vraye preuue de ladite ſoubſtraction.

Exem-

Exemple.

			preuue de la foubftraction cy de contre
21 16 de	21	15 48	15
$\frac{7}{8} \times \frac{2}{3}$ tirer	16	$\frac{5}{24} \times \frac{2}{3}$	48
24 refte	$\frac{5}{24}$	72	63
		$\frac{1}{9}$	72

refponfe $\frac{7}{8}$ pour la vraye preuue.

Pour foubftraire nombre entier & rompu, de nombre entier & rompu.

POVR foubftraire 23 entiers $\frac{7}{8}$ de 34 entiers & $\frac{2}{5}$ faut commencer à fouftraire les $\frac{7}{8}$ de $\frac{2}{5}$ ce qui ne peut : dont faut emprunter vn entier fur les 34 le faifant valoir cinq cinquiemes, pour les adioufter auec les $\frac{2}{5}$ & feront $\frac{7}{5}$ dequoy aifément on peut tirer les $\frac{7}{8}$ du moyen dit à l'exemple precedent, & en reftera $\frac{21}{40}$ puis faut foubftraire les 23 entiers des 34 ne les prenant que pour 33 à caufe de l'emprunt, & reftera 10 tellement qu'ayant tiré les 23 entiers & $\frac{7}{8}$ de 34 entiers, & $\frac{2}{5}$ il en reftera 10 entiers & $\frac{21}{40}$ Or pour faire la preuue faut premierement adioufter les $\frac{7}{8}$ a- uec les $\frac{21}{40}$ & en viendra vn entier & $\frac{2}{5}$ lequel entier faut adioufter auec les 23 & les 10 entiers, & feront en tout 34 entier auec les $\frac{2}{5}$

La troifieme efpece eft de multiplier en nombre rompu.

POVR multiplier $\frac{5}{6}$ par $\frac{3}{4}$ faut multiplier les deux numerateurs l'vn par l'autre, qui font 15 puis multiplier les deux denomina- teurs l'vn par l'autre, qui font 24 les mettant en fraction auec les 15 puis les abreuier, & feront $\frac{5}{8}$ pour le produit de ladite multiplicatió.

Pour multiplier nombre entier par nombre rompu.

POVR multiplier 15 entiers par $\frac{3}{4}$ faut premierement multiplier les 15 par 3 puis prendre le quart du produit de la multiplicatió & en viendra 11 entiers & $\frac{1}{4}$

Pour multiplier nombre entier & rompu par nombre entier & rompu.

POvr multiplier 12 entiers & $\frac{2}{3}$ par 9 entiers & $\frac{5}{8}$ faut premierement reduire les 12 entiers en tiers, en multipliât les 12 par 3 & à la multiplication y adiouſter le 2 numerateur de 3 & ferôt 38 puis reduire en huictiemes les 9 entiers, en les multipliant par 8 & à la multiplicatiõ y adiouſter le 5 numerateur dudit 8 & ferôt 77 qu'il faut multiplier par les 38 & laiſſer la multiplication à part pour nombre à partir : & pour trouuer ſon partiteur faut multiplier le 3 denominateur de 2 par 8 denominateur de 5 & ferôt 24 pour partiteur dudit nombre mis à part, & de la partition en viendra 121 entiers, & ſur icelle reſtera 22 qui eſtans abreuiez auec le partiteur qui eſt 24 feront $\frac{11}{12}$ tellement que les 12 entiers & $\frac{2}{3}$ eſtás multipliez par le 9 entier & $\frac{5}{8}$ reuiendront iuſtement à 121 entier, & $\frac{11}{12}$

Quatrieme & derniere eſpece, eſt de partir par nombre rompu.

POvr partir $\frac{7}{8}$ par $\frac{2}{3}$ faut premierement multiplier 7 numerateur de 8 par 3 denominateur de 2 & feront 21 puis multiplier 8 denominateur de 7 par 2 numerateur de 3 & feront 16 pour partiteur de 21 & de la partition en viendra vn entier & $\frac{5}{16}$

Pour partir nombre entier par nombre entier & rompu, & nombre entier
& rompu par nombre entier & rompu.

PRemierement pour partir 15 entiers par 4 entiers & $\frac{2}{3}$ faut mettre en tiers les 15 entiers, en multipliant par 3 & en viendra 45 & pareillement faut mettre en tiers les 4 entiers, en adiouſtant à la multiplication les $\frac{2}{3}$ & feront 14 pour partiteur des 45 & de la partition en viêdra 3 entiers & $\frac{3}{14}$ Auſſi pour partir 7 entiers & $\frac{1}{4}$ par 5 entiers & $\frac{2}{3}$ faut premierement reduire en quarts leſdits 7 entiers, en les multipliant par 4 & à la multiplication y adiouſter $\frac{1}{4}$ & feront 29 quarts : puis reduire en tiers les 5 entiers, en les multipliât par 3 & à la multiplication y adiouſter les $\frac{2}{3}$ & feront 17 tiers : en apres faut partir les 29 quarts par les 17 tiers, par le moyen qui eſt dit cy deuant à la premiere regle de partir en nombre rompu, & en viendra vn entier & $\frac{19}{68}$

Decla-

Declaration de la preuue de multiplier & partir en nombre rompu.

SI par curiofité on veut fçauoir faire la preuue de multiplier &
partir en nôbre rompu, les moyens en font tels. Premierement
pour faire la preuue de multiplier, elle fe fait par fon côtraire, qui eft
de partir: & la preuue de partir fe fait auffi par fon contraire, qui eft
de multiplier : côme pour faire la preuue des exemples cy apres, &
premierement des deux exemples qui s'enfuiuent de multiplier en
nombre rompu propofees cy deüant, dôt le premier eft $\frac{5}{6}$ qui ayâs
efté multipliez par $\frac{3}{4}$ ont rêdu $\frac{5}{8}$ Pour en faire la preuue, faut partir
les $\frac{5}{8}$ par les $\frac{3}{4}$ & on trouuera qu'il en viendra les $\frac{5}{6}$ fufdits. Pour le
fecond exemple de 15 entiers qui ont efté multipliez par $\frac{3}{4}$ qui ont
rendu 11 entiers & $\frac{1}{4}$ faut partir lefdits 11 entiers & $\frac{1}{4}$ par lefdits $\frac{3}{4}$
& faut qu'il en viêue iuftemét les 15 entiers. Or pour faire la preuue
de la partition côme des trois exemples qui s'enfuiuent propofez cy
deuant, dôt le premier eft de $\frac{7}{8}$ qui ont efté parti par $\frac{2}{3}$ & en eft venu
vn entier & $\frac{5}{16}$ faut multiplier ledit 1 entier & $\frac{5}{16}$ par les $\frac{2}{3}$ & en
viendra les $\frac{7}{8}$ Et du fecond exemple qui eft de 15 entiers, qui ont e-
fté partis par 4 entiers & $\frac{2}{3}$ qui ont rendu 3 entiers & $\frac{3}{14}$ Pour faire fa preuue faut multiplier lefdits 3 entiers & $\frac{3}{14}$ par les 4 en-
tiers & $\frac{2}{3}$ & en viendra iuftemét les 15 entiers: & pour faire la preuue du troifieme exemple qui eft de 7 entiers & $\frac{1}{4}$ qui ont efté partis
par 5 entiers & $\frac{2}{3}$ & ont rendu vn entier & $\frac{19}{68}$ pour faire auffi fa
preuue faut multiplier ledit vn entier & $\frac{19}{68}$ par les 5 entiers & $\frac{2}{3}$ &
faut qu'il en vienne iuftement les 7 entiers & $\frac{1}{4}$ qui eft pour la fin
de ladite declaration de la preuue de multiplier & partir en nombre
rompu. Toutesfois au lieu dudit quart il en vient $\frac{17}{68}$ qui eft la valeur dudit quart qui doit venir pour ladite preuue, lefquels $\frac{17}{68}$ ne fe
pouuâs abbreuier pour rêdre ledit $\frac{1}{4}$ C'eft vne reigle generale pour
fçauoir fi ladite fraction vaudra ledit $\frac{1}{4}$ qu'il faut multiplier le 17
numerateur de 68 par 4 denominateur de $\frac{1}{4}$ & rendra 68 puis
faut multiplier 68 denominateur de 17 par 1 numerateur de 4 &
rendra les mefmes 68 Tellemét que puis que les $\frac{17}{68}$ eftâs ainfi multipliez comme eft dit cy deffus par $\frac{1}{4}$ puis que les deux produits fe
trouuent femblables , cela denote que lefdits $\frac{17}{68}$ valent iuftement

ledit $\frac{1}{4}$ qu'on demande pour raifon de la preuue de la derniere partition fufdite: & cela faut noter pour s'en feruir en vne autre fractiõ
differente quand elle ne fe pourra abreuier, & qu'il feroit befoin
trouuer le rompu qu'on demandera.

Enfuit vne belle pratique breue, de prendre vne partie rompue d'vne
autre, & auffi de prendre partie rompue d'vn
entier & rompu.

IL eft à noter pour vne reigle generale, que toutesfois & quantes qu'on voudra prendre vne partie rompue d'vne autre, qu'il
conuient multiplier le denominateur du rõpu qu'on propofe, par le
denominateur de la partie qu'on veut prendre, & tenir le produit de
la multiplication pour le denominateur du numerateur du rompu
propofé: cõme par exemple, qui voudroit prendre le tiers de $\frac{5}{6}$ faut
multiplier 6 par 3 qui font 18 & les figurer au deffoubs de 5 pour
fon denominateur, ainfi $\frac{5}{18}$ & telle fraction fera le tiers des $\frac{5}{6}$ & qui
voudroit prendre les $\frac{4}{5}$ de $\frac{3}{8}$ ou biẽ les $\frac{3}{8}$ de $\frac{4}{5}$ il ne faut que multiplier premieremẽt les deux numerateurs l'vn par l'autre, qui ferõt 12
puis faut auffi multiplier les deux denominateurs qui feront 40 lefquels faut mettre au deffoubs des 12 pour denominateur, ainfi $\frac{12}{40}$
& les abreuier par quart, & reuiendront à $\frac{3}{10}$ Or qui voudroit prendre quelque partie rompue d'vn entier & rompu, comme de prendre le quart de 7 entiers & de $\frac{5}{6}$ faut premieremẽt prendre le quart
des 7 qui eft 1 & refte 3 qu'il faut mettre à la denomination des
$\frac{5}{6}$ en multipliant 6 par 3 qui font 18 & à la multiplication y adioufter les 5 & feront 23 pour numerateur : que pour luy bailler fon
denominateur faut multiplier les 6 par 4 qui font 24 pour deno-
minateur de 23 ainfi $\frac{23}{24}$ Tellement que le quart de 7 entiers & $\frac{5}{6}$
eft vn entier & $\frac{23}{24}$ Auffi qui voudroit prendre les $\frac{5}{6}$ de 38 entiers
& $\frac{3}{4}$ il ne faut que multiplier les 38 & $\frac{3}{4}$ par lefdits $\frac{5}{6}$ du moyen
qui a efté dit cy deuant à la multiplication en nombre rompu, & on
trouuera qu'il en viendra 32 entiers & $\frac{7}{24}$

Icy finiffent les principes & fondemens de l'Arithmetique, affauoir

uoir les quatre efpeces, tant en nóbre rompu, qu'en nombre entier, &
autres reigles à la fuite d'icelles: lefquels fondemés eftans bien comprins, feruiront grandement à faire entendre les reigles contenues
cy apres.

Enfuiueut les parties correfpondantes à vn fol de 1 2 ℊ, du produit
defquels en viendra fols.

PREMIEREMENT pour vn denier, qui eft la douzieme d'vn
fol, faudroit prendre ledit douzieme de l'exemple qui feroit
propofé : mais pource que c'eft vne partie fafcheufe à prendre par
aucuns, i'accommode ledit douzieme en deux parties, affauoir de
prendre le tiers & le quart du tiers, & le produit du quart rendra autant que d'auoir prins ledit douziefme tout à la fois. Et faut noter
qu'en prenant le tiers fur la derniere figure, s'il refte tiers, chacun reftant vaudra 4 ℊ : & en prenant le quart fur la derniere figure, faut
tenir chacun quart pour autant de fols, les reduifant en deniers pour
y adioufter les deniers qui fe trouueront des tiers reftans, pour en
prendre auffi le quart, & pour 2 ℊ, qui eft la fixieme d'vn fol faut
prendre ledit fixieme: & chacun fixieme reftant fur la derniere figure vaudra 2 ℊ comme fe verra figuré cy apres par deux exemples
qui feront propofez par vn nombre d'aulnes dont fon caractere eft
tel, auſſ faut noter que les produits des exemples qui s'enfuiuront
pour raifon defdites parties d'vn fol, feront fols qu'il faut reduire en
liures, en coupant la derniere figure d'vn petit poinct ainfi · laquelle figure demeurera pour autant de fols qu'elle fera en valeur, & des
reftantes en faudra prendre la moitié & en viendra liures, & s'il refte moitié fur la derniere figure auant la couppee, vaudra 1 o ℬ, qu'il
faut adioufter auec la figure couppee, fi elle eft en valeur : & cela faut
noter.

Exemple

$\frac{1}{3}$ 788 auſ à 1 ℊ l'aulne $\frac{1}{6}$ 4577 auſ à 2 ℊ l'aulne, cõbié
$\frac{1}{4}$ 262   8 ℊ   762 ℬ   10 ℊ   de ℬ & £.
℥. 65 ℬ 8 ℊ qui font 3 £ 5 ℬ 8 ℊ   R 38 £ 2 ℬ 10 ℊ

F

Aduertissement aux lecteurs.

AVANT que passer plus outre aux exemples des parties dudit sol de 12 ß, ie me suis aduisé de faire entendre que quand ie dois prédre vne partie rompue d'vne autre, ie les mets les vnes soubs les autres, & les prenant toutes de l'exemple, qui est la somme principale, ie marque lesdites parties rompues à costé l'vne de l'autre, cóme se verra en plusieurs exemples proposez cy apres.

Pour 3 ß, qui est le quart d'vn sol, faut prendre ledit quart de l'exemple qui sera proposé, & chacun quart restant sur la derniere figure vaudra 3 ß : & pour 4 ß faudra prendre le tiers, & chacun tiers restant vaudra 4 ß.

Exemple.

$$\tfrac{1}{4} \quad 5 \quad 7 \quad 8 \;℔\; \text{à } 3 \,ß\; \text{la } ℔ \qquad \tfrac{1}{3} \quad 7 \quad 9 \quad 7 \;℔\; \text{à } 4 \,ß\; \text{la } ℔$$
$$\underline{1 \quad 4 \cdot \; 4 \,\beta\; 6 \,ß} \qquad\qquad \underline{2 \quad 6 \cdot 5 \,\beta\; 8 \,ß}$$
$$\text{response } 7 \,£\, 4 \,\beta\; 6 \,ß \qquad\quad \text{resp. } 1 \; 3 \,£\, 5 \,\beta\; 8 \,ß$$

Pour 5 ß faut prendre pour 3 ß le quart, & pour 2 ß la sixieme, le tout de la somme principale, puis adiouster les deux produits ensemble, comme faut faire des autres qui s'ensuiurót quand on prendra plusieurs parties : & pour 6 ß ne faut que prendre la moitié.

Exemple.

$$\tfrac{1}{4}\;\tfrac{1}{6} \quad 7 \quad 9 \quad 9 \;\text{auↄ.à } 5 \,ß\; \text{l'au.} \qquad \tfrac{1}{2} \quad 5 \quad 7 \quad 9 \;℔\; \text{à } 6 \,ß\; \text{la } ℔$$
$$\underline{1 \quad 9 \quad 9 \,\beta\; 9 \,ß} \qquad\qquad \underline{2 \quad 8 \cdot 9 \,\beta\; 6 \,ß}$$
$$\underline{1 \quad 3 \quad 3 \,\beta\, 2} \qquad\qquad\quad \text{ℛ. } 1 \quad 4 \,£\, 9 \,\beta\; 6 \,ß$$
$$\underline{3 \quad 3 \cdot\; 2 \,\beta\, 11 \,ß}$$
$$\text{ℛ. } 1 \quad 6 \,£\, 12 \,\beta\, 11 \,ß$$

Pour 7 ß faut prendre le tiers & le quart de la somme qui sera proposée : & pour 8 ß les $\tfrac{2}{3}$ tout de la mesme somme.

Exem-

Exemple.

```
 1   1
 -   -   1  7  9  9  ℔  à 7  §  la ℔        2   2  7  9  8  auſ. à 8 §  l'au.
 3   4                                      -
                5  9  9  ß  8 §             3        9  3  2  ß  8 §
                4  4  9     9                        9  3  2  ß  8
             1  0  4· 9  ß  5 §                   1  8  6· 5  ß  4 §
      ℔.     5  2 £ 9  ß  5 §             ℔.      9  3 £ 5  ß  4 §
```

Pour 9 § faut prendre la moitié & le quart, tout de la somme:
& pour 10 § la moitié, & le tiers semblablemét de la mesme somme qui sera proposee.

Exemple.

```
 1   1   6  7  7  auſ à 9 §  l'aul.        1   1   6  8  8  ℔  à 10 §  la ℔
 -   -                                     -   -
 2   4      3  3  8  ß  6 §                 2   3      3  4  4  ß
            1  6  9  ß  3                            2  2  9  ß  4 §
            5  0· 7  ß  9 §                          5  7· 3  ß  4 §
      ℔.    2  5 £ 7  ß  9 §             ℔.          2  8 £13 ß  4 §
```

Et pour 11 § faut prendre pour 8 § les $\frac{2}{3}$ & pour 3 § le quart, le
tout de la somme principale.

Exemple.

```
 2   1   3  5  9  9  ℔  à 11 §  la ℔
 -   -
 3   4      1  1  9  9  ß  8 §
            1  1  9  9  ß  8
               8  9  9  ß  9
            3  2  9· 9  ß  1 §
      ℔.    1  6  4 £19 ß  1 §
```

*Ensuiuent les parties correspondantes à la liure des 2 o ß du produit
desquelles en vient liures.*

PREMIEREMENT pour vn sol qui est vn vingtieme, faut
coupper la derniere figure, & prendre la moitié des autres : &
pour 2 ß qui est vn dixieme de £, il ne faut que coupper la der-

niere figure en la doublant pour autant de ſols,& les reſtantes ſeront autant de liures pour la valeur dudit dixieme.

Exemple.

$\frac{1}{20}$ 4 5 7. 9 auſ à 1 ß l'auſ $\frac{1}{10}$ 4 7 5 9 auſ à 2 ß l'auſ
  R. 2 2 8 £ 19 ß   R. 4 7 5 £ 18 ß

Pour 3 ß fault prendre la dixieme pour 2 ß & pour 1 ß la vingtieme : & pour 4 ß faut prendre la cinqieme,& chacun cinqieme reſtant ſur la derniere figure vaudra 4 ß

Exemple.

$\frac{1}{10}$ $\frac{1}{20}$ 57 7 ₶ à 3 ß la ₶ $\frac{1}{5}$ 579 auſ à 4 ß l'auſ
     57 14 ß   Reſponſe 115 £ 16 ß
     28 17 ß
 Reſponſe 86 £ 11 ß

Pour 5 ß faut prendre le quart,& s'il reſte quart ſur la derniere figure,chacun quart reſtant vaudra 5 ß & pour 6 ß faut prendre le quint pour les 4 ß & pour 2 ß la dixieme de la ſomme principale.

Exemple.

$\frac{1}{4}$ 499 auſ à 5 ß l'auſ $\frac{1}{5}$ $\frac{1}{10}$ 37 5 ₶ à 6 ß la ₶
Reſp. 124 £ 15 ß   75
             37 10
         Reſp. 112 £ 10 ß

Pour 7 ß faut prendre le quart pour les 5 ß & pour 2 ß la dixieme, le tout de la meſme ſomme, & pour 8 ß faut prendre les $\frac{2}{5}$ auſſi le tout de la meſme ſomme.

Exemple.

$\frac{1}{4}$ $\frac{1}{10}$ 257 ₶ à 7 ß la ₶ $\frac{2}{5}$ 999 ₶ à 8 ß la ₶
    64 5   199 16
    25 14   199 16
Reſponſe 89 £ 19 ß   Reſponſe 399 £ 12 ß

Pour

Pour 9 ß faut prendre le quart & le quint, tout de la mesme somme, pour 10 ß la moitié, & pour 11 ß la moitié & la vingtieme, tout de la mesme somme.

Exemple.

¼ ⅕ 353 auſ à 9 ß l'aulne   ½ 497 ℔ à 10 ß la ℔
       88   5   R 248 £ 10 ß
       70   12
R.   158 £ 17 ß

                    ½ 1/20 7·9 ℔ à 11 ß la ℔
                            39   10
                             3   19
                    R. 43 £ 9 ß

Pour 12 ß faut prendre la moitié & la dixiesme tout de la mesme somme. Pour 13 ß faut prédre la moitié, la dixiesme & la vingtiesme, tout de la mesme somme, ou bien les ⅖ Et ¼ & pour 14 ß faut prendre la moitié & le quint, aussi de la somme mesme.

Exemple.

½ 1/10 17·9 auſ à 12 ß l'auſ   ½ 1/10 1/20 673 ℔ à 13 ß la ℔
       89   10   336   10
       17   18   67   6
reſpóſ. 107 £ 8 ß   33   13
                               reſponſe 437 £ 9 ß

              ½ ⅕ 97 ℔ à 14 ß la ℔
                    48   10
                    19   8
       reſponſe 67 £ 18 ß

Pour 15 ß faut prendre la moitié & le quart, tout de la mesme somme. Pour 16 ß faut prendre la moitié, le quint & la dixieme, tout de la mesme somme. Et pour 17 ß faut prendre la moitié, le quart & la dixieme, aussi de là mesme somme.

Exem-

Exemple.

$\frac{1}{2}$ $\frac{1}{4}$ 99 ℔ à 15 ß la ℔ $\frac{1}{2}$ $\frac{1}{5}$ $\frac{1}{10}$ 55 auſ à 16 ß l'aulne

       49 £ 10 ß   27 £ 10 ß

       24   15   11

responſe   74 £ 5 ß   5   10

                   responſe   44 £

$\frac{1}{2}$ $\frac{1}{4}$ $\frac{1}{10}$ 97 ℔ à 17 ß la ℔

       48   10

       24   5

       9   14

responſe   82 £ 9 ß

Pour 18 ß faut prendre la moitié & les $\frac{2}{5}$ de l'exemple, & pour 19 ß faut prendre la moitié, le quart & le quint, auſſi de ſon exemple.

Exemple.

$\frac{1}{2}$ $\frac{2}{5}$ 359 auſ à 18 ß l'aulne $\frac{1}{2}$ $\frac{1}{4}$ $\frac{1}{5}$ 679 auſ à 19 ß l'aulne

       179 £ 10 ß   339 £ 10 ß

       71   16   169   15

       71   16   135   16

℞.   323 £ 2 ß   responſe   645 £ 1 ß

Aduertiſſement ſur leſdites parties de la liure de 20 ß

AVT entendre qu'il y a pluſieurs exemples figurez cy deſſus pour leſdites parties de 20 ß qui ſe feront plus brefs par la multiplication par ſols, que par le moyen ſuſdit, au chois de ceux qui le voudront pratiquer : & cela faut noter. Toutesfois quand le prix de l'aune ou de la ℔ ou autre choſe quelconque ſeroit propoſé par £ & ß lors ſeroit beſoin ſe ſeruir de ladite partie de 20 ß ordinaire ou de celle qui eſt miſe cy apres pour le plus bref.

S'en-

Enfuiuent quelques parties par fols & deniers efgales & correfpon-
dantes à la liure de 2 0 ß du produit defquelles
viendra liures.

PREMIEREMENT pour 2 ß 6 ᵹ faut prendre la huictieme, & ⅛ reftant fur la derniere figure vaut 2 ß 6 ᵹ ⅛ valent 5 ß ⅜ 7 ß 6 ᵹ 4/8 10 ß ⅝ 12 ß 6 ᵹ 6/8 15 ß & ⅞ valét 17 ß 6 ᵹ & pour 3 ß 4 ᵹ faut prendre la fixieme, & vn fixieme reftant vaut 3 ß 4 ᵹ 2/6 valent 6 ß 8 ᵹ 3/6 10 ß 4/6 13 ß 4 ᵹ & 5/6 valent 16 ß 8 ᵹ.

Exemple.

⅛　574 auſ à 2 ß 6 ᵹ l'auſ　　⅙　179 ℔ à 3 ß 4 ᵹ la ℔
℔.　71 £ 15 ß　　　　　　　　　℔.　29 £ 16 ß 8 ᵹ

Pour 6 ß 8 ᵹ Faut prédre le tiers, & pour 13 ß 4 ᵹ les ⅔ & s'il refte tiers, chacun reftant vaudra 6 ß 8 ᵹ

Exemple.

⅓　167 ℔ à 6 ß 8 ᵹ la ℔　　　⅔　779 auſ à 13 ß 4 ᵹ l'auſ
refpôfe　55 £ 13 ß 4 ᵹ　　　　　　259 £ 13 ß 4 ᵹ
　　　　　　　　　　　　　　　　　259　13　4
　　　　　　　　　　　　　　℔.　519 £ 6 ß 8 ᵹ

Pour 12 ß 6 ᵹ. Faut prendre pour 10 ß la moitié, & pour 2 ß 6 ᵹ la huictieme le tout de la fomme principale, & pour 16 ß 8 ᵹ faut prendre la moitié & le tiers auffi le tout de la fomme principale.

Exemple.

½　⅛　277 ℔ à 12 ß 6 ᵹ la ℔　　½　⅓　488 auſ à 16 ß 8 ᵹ l'auſ
　　　138 £ 10 ß　　　　　　　　　　　244 £
　　　34　12　6 ᵹ　　　　　　　　　　162　13 ß 4 ᵹ
refpôfe 173 £ 2 ß 6 ᵹ　　　　　　℔.　406 £ 13 ß 4 ᵹ

Pour 7 ß 6 ᵹ faut prendre pour 5 ß le quart, & pour 2 ß 6 ᵹ la
huictie-

huictieme ou la moitié du quart, & pour 17 ß 6 ₰ faut prendre
pour 10 ß la moitié, pour 5 ß la moitié de la moitié, & pour 2 ß
6 ₰ la moitié de la derniere moitié.

Exemple.

$\frac{1}{4}$ 79 ₶ à 7 ß 6 ₰ la ₶ $\frac{1}{2}$ 279 ₶ à 17 ß 6 ₰ la ₶
$\frac{1}{2}$ 19 15 $\frac{1}{2}$ 139 10
     9 17 6 $\frac{1}{2}$ 69 15
response 29 ₶ 12 ß 6 ₰   34 17 6
                                   respóse 244 ₶ 2 ß 6 ₰

*Enfuiuent les parties d'vn fol de 12 ₰ au plus bref, pour auoir
liures de leurs produits.*

PREMIEREMENT pour vn denier, qui eſt pour reduire les deniers en liures au plus bref, faut couper la derniere figure qui eſt
autant que de prendre la dixieme au long, & prendre la ſixieme des
autres, & le quart dudit ſixieme, & le produit dudit quart rendra liures & parties de liures: & faut noter que chacun ſixieme reſtant ſur
la derniere figure vaudra 10 ₰ & chacun quart reſtant vaudra 5 ß
leſquels quarts reſtans faudra adiouſter auec les ſixiemes reſtans : &
touchant à la figure coupee, elle vaudra autant de deniers comme
elle ſera en valeur pour l'adiouſter au produit de l'exemple.

Exemple.

$\frac{1}{10}$ 4554 ₰ Combien ₶
$\frac{1}{6}$ 455
$\frac{1}{4}$ 75   4   2
          18 ₶ 19 ß 2 ₰
                     4 ₰
response 18 ₶ 19 ß 6 ₰

Pour 2 ₰ ne faut que prendre la ſixieme partie, comme a eſté dit
cy deuant & de ſon produit en viendra ſols, qu'il faut reduire en liures qui eſt plus facile & bref que de faire autrement.

Exem-

Exemple.

```
1/6   3   5   7   9 auſ à 2 § l'auſ
          5   9 · 6 ℔ 6 §
responce  2   9 £ 16 ℔ 6 §
```

Pour 3 § faut couper la derniere figure, & prendre la huictieme des autres, & chacun huictieme restant sur la derniere figure vaudra 2 ℔ 6 § & touchant à la derniere figure coupee la faut multiplier par les 3 § en reduisant son produit en sols pour les adiouster auec le produit dudit huictieme de l'exemple.

Exemple.

```
1/8   4 5 9 · 9 ℔℔ à 3 § la ℔℔
        5 7 £ 7 ℔ 6 §
            2 ℔ 3 §
responce  5 7 £ 9 ℔ 9 §
```

Aduertissement sur lesdites parties d'vn sol de 12 §.

AVANT que passer plus outre faut noter que pour le reste des autres exéples qui s'ensuiuront, faut tousiours couper la derniere figure, & la multiplier à la fin de l'exemple par les deniers qui seront proposez, en mettant son produit en sols pour les adiouster à leurs exemples: aussi faut noter que les parties restantes sur la derniere figure des exemples seront parties de la £ de 20 ℔, & en prenant des exemples deux ou trois parties, selon qu'il sera requis faudra adiouster ensemble leurs produits.

Pour 4 § faut prendre la sixieme partie. Et pour 5 § la sixieme, & le quart de la sixieme, en obseruāt ce qui a esté dit en l'aduertisse-ment cy dessus.

Exemple.

```
1/6   5 5 7 ℔℔ à 4 § la ℔℔          1/6   4   6   7 · 8 ℔℔ à 5 § la ℔℔
        9 £ 3 ℔ 4 §                 1/4       7   7 £ 16 ℔ 8 §
            2 ℔ 4 §                           1   9 £ 9 ℔ 2
responce  9 £ 5 ℔ 8 §                             3 ℔ 4
                                    responce   9   7 £ 9 ℔ 2 §
```

G

Pour 6 ℔ faut prendre le quart & pour 7 ℔ la sixieme, & la huictieme, tout de la mesme somme, en obseruant ce qui a esté dit en
l'aduertissement apres l'exemple de 3 ℔

Exemple.

$\frac{1}{4}$ 57·9 aunes à 6 ℔ l'aune $\frac{1}{6}$ $\frac{1}{8}$ 97· 5 aunes à 7 ℔ l'aune
    14 £ 5 ß   16 £ 3 ß 4 ℔
         4 ß 6 ℔   12 £ 2 ß 6 ℔
response 14 £ 9 ß 6 ℔   2 ß 11 ℔
                                        response 28 £ 8 ß 9 ℔

Pour 8 ℔ faut prendre le tiers, & pour 9 ℔ le quart & la moitié
du quart, en obseruant ce qui a esté dit.

Exemple.

$\frac{1}{3}$ 7·9·6 ℔ à 8 ℔ la ℔ $\frac{1}{4}$ $\frac{1}{2}$ 9 8·8 ℔ à 9 ℔ la ℔
    26 £ 6 ß 8 ℔   24 £ 10
         4 ß   12   5
response 26 £ 10 ß 8 ℔   6
                                        response   37 £ 1 ß

Pour 10 ℔ faut prendre le quart & la sixieme, le tout de la somme principale, & pour 11 ℔ faut prendre le tiers & la huictieme,
aussi de ladite somme, en obseruant ce qui a esté dit.

Exemple.

$\frac{1}{4}$ $\frac{1}{6}$ 354·1 aune à 10 ℔ l'au. $\frac{1}{3}$ $\frac{1}{8}$ 256·9 auſ à 11 ℔ l'au.
    88 £ 10 ß   85 £ 6 ß 8 ℔
    59   0 ß 10 ℔   32   8   3
response 147 £ 10 ß 10 ℔   response 117 £ 14 ß 11 ℔

Ensui-

Enſuiuent cy apres quelques parties de la liure de 2 0 ß au plus bref
qu'elles n'ont eſté faites cy deuant par ladite partie
ordinaire de 2 0 ß.

PREMIEREMENT pour 6 ß faut couper la derniere figure de l'exemple qui ſera propoſé, & la multiplier par 3 qui eſt la moitié de 6 ß en doublant par autant de ſols, ce qu'il faut poſer du produit de la multiplication, & tenir pour autant de £ les dixaines qu'il faudra retenir pour les adiouſter à la multiplication du reſtant de l'exemple qu'il faut multiplier par ledit 3 & de ſon produit en viendra liures de 2 0 ß.

Exemple.

4 5 7 9 aunes à 6 ß l'aune

3

reſponſe   1 3 7 3 £ 14 ß

Aduertiſſement ſur leſdites parties de ladite liure de 2 0 ß

Faut noter le moyen de la figure coupee de l'exẽple ſuſdit, pour s'en ſeruir aux autres exemples deſdictes parties de la £ de 2 0 ß qui ſuyuent cy apres: par ce qu'il n'eſt beſoin (pour euiter prolixité) d'expliquer ladite figure qu'il faut couper à chacun exemple.

Pour 7 ß ſe faut ſeruir premierement du moyen de 6 ß côme deſſus: & pour vn ſol reſtant de 7 ß faut tenir l'exemple pour autant de ſols, les reduiſant en £ pour les adiouſter au produit de 6 ß & pour 8 ß faut multiplier par 4 en obſeruant ce qui a eſté dit.

Exemple.

4 5 8 ħ à 7 ß la ħ   3 6 7 aunes à 8 ß l'aune

3   4

1 3 7 £ 8 ß   reſponſe 1 4 6 £ 16 ß

2 2 £ 18 ß

reſponſe 1 6 0 £ 6 ß

Pour 9 ß se faut premierement seruir du moyen dit cy deßus à 8 ß & pour vn sol dauantage, faut tenir l'exéple pour autant de sols, lesquels faut reduire en £ pour les adiouster auec le produit des 8 ß & pour 12 ß faut multiplier par 6 en obseruant ce qui a esté dit.

Exemple.

2 5·4 aulnes à 9 ß l'au.
    4
1 0 1 £　1 2 ß
  1 2 £　1 4 ß
Response 1 1 4 £　6 ß

4 5·7 ℍ à 12 ß la ℍ
    6
Response 2 7 4 £　4 ß

Pour 13 ß se faut seruir premierement du moyen de l'exemple susdit de 12 ß & pour vn sol restant des 13 ß faut tenir pour autant de sols l'exemple, les reduisant en £ pour les adiouster auec le produit des 12 ß & pour 14 ß faut multiplier par 7 en obseruant ce qui a esté dit.

Exemple.

5 7·9 ℍ à 13 ß la ℍ
  6
3 4 7 £　8 ß
  2 8 £　19
Response 3 7 6 £　7 ß

8 5·9 aulnes à 14 ß
    7
Response 6 0 1 £　6 ß

Pour 16 ß faut multiplier par 8 en obseruant ce qui a esté dit, & pour 17 ß il se faut premierement seruir du moyen des 16 ß & pour vn sol restant faut tenir l'exemple pour autãt de sols, les reduisant en £ pour les adiouster au produit desdits 16 ß

Exemple,

5 7·3 ℍ à 16 ß la ℍ
  8
Response 4 5 8 £　8 ß

2 5·9 aunes à 17 ß l'aune
    8
2 0 7 £　4 ß
1 2 £　19 ß
Response 2 2 0 £　3 ß

Pour

Pour 1 8 ß faut multiplier par 9 en obſeruant ce qui a eſté dit,&
pour 1 9 ß il ſe faut premierement ſeruir du moyen des 1 8 ß &
& pour vn ſol reſtant des 1 9 faut tenir l'exemple pour autát de ſols
les reduiſant en ℒ pour les adiouſter auec le produit des 1 8 ß.

Exemple.

6 8 7 aulnes à 18 ß l'au.   4 6 6 ℔ à 1 9 ß la ℔
         9   9
Reſponſe 6 1 8 ℒ 6 ß   4 1 9 ℒ 8 ß
                           2 3 ℒ 6 ß
              Reſponſe 4 4 2 ℒ 14 ß

Pour multiplier au bref par les multiplieurs enſuiuans , aſſauoir par 1 0   1 0 0
*   1 0 0 0   2 0   3 0   3 0 0   1 1   1 2   1 5 & 2 5*

PREMIEREMENT pour multiplier au bref par 1 0 ne faut que
adiouſter vn zero d'auátage,pour 100 en faut adiouſter deux:
pour 1 0 0 0 faut adiouſter trois zero. Par ainſi c'eſt vne reigle generale qu'en tous nóbres qu'on veut multiplier par vn autre auquel y
ait des zero, faut adiouſter autant de zero à la ſomme qu'on veut
multiplier, comme il y en a au multiplieur: pourueu que la premiere figure du multiplieur ne ſoit que le nombre de 1 & aduenant que
ladite figure ſoit de plus grande valeur que de 1 comme pour multiplier par 2 0 ou par 3 0 &c. Apres auoir multiplié par les 2 faudroit adiouſter vn zero d'auantage, & pour leſdits 3 0 faudroit multiplier par 3 & adiouſter ledit zero,& pour 3 0 0 faudroit auſſi multiplier par 3 & y adiouſter deux zero dauantage : & cela faut noter.
Et pour multiplier par 1 1 ne faut que mettre la ſomme deux fois,
en reculant l'vne des fois d'vne figure, puis les adiouſter enſemble:
pour 1 2 faut mettre la ſomme trois fois , en reculant la troiſieme
fois d'vne figure, puis adiouſter les trois ſommes enſemble : pour
multiplier par 1 5 faut mettre vn zero d'auantage,& prendre la moitié & l'y adiouſter: pour 2 5 faut adiouſter deux zero d'auantage, &
prendre le quart.

Exemple

A 11 £ la piece, combien 59 pieces.   A 12 £ l'aune C. 26 aun

$$59$$
Response 649 £

$$26$$
$$26$$
R. 312 £

A 15 ✶⃝ la p. C. 79 p. ainsi $\frac{1}{2}$ 790   A 25 ✶⃝ la p. C. 77 ainsi $\frac{1}{4}$ 7700

$$395$$
Response 1185 ✶⃝   Response 1925 ✶⃝

Pour multiplier au bref par nombre entier & rompu par les multiplieurs qui
s'ensuiuent, assauoir par 2 & $\frac{1}{2}$ 3 $\frac{1}{3}$ 13 $\frac{1}{3}$ 11 $\frac{2}{3}$ 11 $\frac{1}{4}$
12 $\frac{1}{2}$ 16 $\frac{2}{3}$ & 33 $\frac{1}{3}$

PRemierement pour multiplier par 2 & $\frac{1}{2}$ faut adiouster vn zero d'auantage, puis prédre le quart, & s'il reste quart sur la derniere figure, chacun quart restant vaudra 5 ß si l'exemple est proposé
pour auoir liures ou escus de 20 ß d'or: pour multiplier par 3 & $\frac{1}{3}$
faut adiouster vn zero, puis prendre le tiers, & le tiers restant sur la
derniere figure vaudra 6 ß 8 ß, si le prix est proposé par £ ou par
escus de 20 ß d'or: pour multiplier par 13 $\frac{1}{3}$ faut adiouster vn zero d'auantage, & prendre le tiers & l'y adiouster : pour multipler
par 11 & $\frac{2}{3}$ faut mettre vn zero d'auantage à la somme, puis prendre
la sixieme & l'y adiouster : pour 11 & $\frac{1}{4}$ faut adiouster vn zero d'a-
uantage, & en prendre la huictieme, puis adiouster les deux produits
ensemble : pour multiplier par 12 $\frac{1}{2}$ faut adiouster deux zero d'a-
uantage à la somme, puis prendre la huictieme : pour 16 & $\frac{2}{3}$ faut
adiouster deux zero d'auantage, puis prendre la sixieme : pour 33 &
$\frac{1}{3}$ faut adiouster deux zero à la somme & en prendre le tiers.

Exem-

Exemple.

A 2 £ ½ l'aulne, Combien 57 aulnes, ainſi ¼ 570

Reſponſe 142 £ 10 ß

A 3 ⚹ ⅓ la piece, côbien 49 pieces, ainſi ⅓ 490

Reſponſe 163 ⚹ 6 ß 8 ʒ d'or.

A 13 ⚹ ⅓ la piece, combien 58 pieces, ainſi ⅓ 580

193 ⚹ 20 ß fʒ

Reſponſe 773 ⚹ 20 ß fʒ

A 11 ⅔ la piece, combien 45 pieces, ainſi ⅙ 450

75

Reſponſe 525 ⚹

A 11 ⚹ ¼ la piece, combien 47 pieces, ainſi ⅛ 470

58   15

Reſponſe 528 ⚹ 15 ß d'or.

A 12 £ ½ la piece, combien 45 pieces, ainſi ⅛ 4500

Reſponſe 562 £ 10 ß

A 16 ⚹ ⅔ la piece, combien 23 pieces, ainſi ⅙ 2300

Reſponſe 383 ⚹ 20 ß fʒ

A 33 ⚹ ⅓ la piece, combien 29 pieces, ainſi ⅓ 2900

Reſponſe 966 ⚹ 40 ß fʒ

*Pour partir au bref par les partiteurs qui s'enſuiuent, aſſauoir par 10   25   30
40   12   15   16   18   24   25   36   48 & 64 que ie ſray
ſeruir cy apres pour autant de regles de trois comme il
y a de partiteurs cy deſſus.*

PREMIEREMENT pour partir par 10 faut prẽdre la dixieme, & pour ce faire au plus bref, ne faut que ſouper la derniere figure, la doublant pour autant de ſols, ſi le pri eſt propoſé par liures de 20 ß, ou par eſcus de 20 ß d'or, & les reſtans de ladite fi-

gure coupee feront liures ou eſcus.   Et ſi à l'exemple propoſé il y a-
uoit ſols & deniers apres les eſcus ou liures, en faut auſſi prendre la
dixieme, comme l'exemple le mõſtrera cy apres. Pour partir par 2 o
il ſe peut faire par deux moyens, le premier eſt que quand l'exemple
eſt propoſé par nombre entier , comme par liures ou par eſcus, ſans
qu'il y ait des ſols & deniers, il ne faut que couper la derniere figure,
& prendre la moitié des autres : & pour l'autre moyen de partir au
bref par 2 o quand le nombre eſt propoſé par liures ſols & deniers
ou par ⚹ de 2 o ß d'or, le ſol de 1 2 ſ d'or. Faut premieremẽt prendre la dixieſme partie & la moitié du dixieme , & ladite moitié rendra la valeur de ladite partition : & tout ſemblablement des autres
partiteurs qui s'enſuiuent, le produit de la derniere partie prinſe rendra la valeur de l'exemple propoſé. Pour partir par 3 o faut prendre
la dixieme partie de la ſomme propoſee & le tiers de la dixieme : par
4 o faut auſſi prẽdre la dixieme partie & le quart de la dixieme : pour
partir par 1 2 il ſe peut faire par deux moyens, le premier de prendre
la douxieme : & le ſecond moyen qui eſt plus facile , faut prendre le
tiers & le quart du tiers : par 1 5 faut prendre le quint & le tiers du
quint : par 1 6 faut prendre le quart du quart : par 1 8 faut prendre
le ſixieme & le tiers du ſixieme : par 2 4 faut prendre auſſi 'e ſixieme
& le quart du ſixieme : par 2 5 faut prendre le quint du quint : par 3 6
faut prendre la ſixieme du ſixieme : par 4 8 faut prendre la huictieme & le ſixieme : & pour partir par 6 4 faut prendre la huictieme, &
de ſon produit en prendre auſſi la huictieme.

Exemple.

$\frac{1}{1\text{o}}$ A 4 5·7 £ 15 ß 6 ſ les 1 o pieces, combien la piece.

reſp. 4 5 £ 15 ß 6 ſ $\frac{3}{5}$

$\frac{1}{1\text{o}}$ A 5 7·7 ⚹ 18 ß 1 o ſ d'or les 2 o pieces, combien la piece.

$\frac{1}{2}$ 5 7   15   1 o ſ $\frac{3}{5}$

reſp. 2 8 ⚹ 7 ß 1 1 ſ $\frac{3}{1\text{o}}$ d'or.

$\frac{1}{1\text{o}}$ A 6 7·8 £ 1 o ß 6 ſ les 3 o pieces, combien la piece.

$\frac{1}{3}$ 6 7   17   7 $\frac{4}{5}$

reſp. 2 2 £ 1 2 ß 6 ſ $\frac{3}{5}$

A 3 4·7 ⚹

$\frac{1}{10}$ A 34 7 ※V 19 ß 11 ſ d'or les 40 pieces, combien la piece.

$\frac{1}{4}$ 34   15   11 $\frac{9}{10}$

reſp.   8 ※V 13 ß 11 ſ $\frac{39}{40}$ d'or.

$\frac{1}{3}$
$\frac{1}{4}$ A 134 £ 18 ß 7 ſ les 12 pieces, combien la piece.

     44   19   6 $\frac{1}{3}$

reſp. 11 £ 4 ß 10 ſ $\frac{7}{12}$

$\frac{1}{5}$
$\frac{1}{3}$ A 478 £ 13 ß 4 ſ les 15 pieces, combien la piece.

     95   14   8

reſp. 31 £ 18 ß 2 ſ $\frac{2}{3}$

$\frac{1}{4}$
$\frac{1}{4}$ A 155 ※V 12 ß 6 ſ d'or les 16 pieces, combien la piece.

     38   18   1 $\frac{1}{2}$

reſp.   9 ※V 14 ß 6 ſ $\frac{3}{8}$ d'or.

$\frac{1}{6}$
$\frac{1}{3}$ A 57 ※V 10 ß 7 ſ d'or les 18 pieces, combien la piece.

     9   11   9 $\frac{1}{6}$

reſp.   3 ※V 3 ß 11 ſ $\frac{1}{18}$ d'or.

$\frac{1}{6}$
$\frac{1}{4}$ A 156 £ 19 ß 8 ſ les 24 pieces, combien la piece.

     26   3   3 $\frac{1}{3}$

reſp.   6 £ 10 ß 9 ſ $\frac{5}{6}$

$\frac{1}{5}$
$\frac{1}{5}$ A 250 ※V 12 ß 11 ſ d'or les 25 pieces, combien la piece.

     50   2   7

reſp. 10 ※V 0 ß 6 ſ $\frac{1}{5}$ d'or.

$\frac{1}{6}$
$\frac{1}{6}$ A 167 ※V 19 ß 9 ſ d'or les 36 pieces, combien la piece.

     27   19   11 $\frac{1}{2}$

reſp.   4 ※V 13 ß 3 ſ $\frac{11}{12}$ d'or.

$\frac{1}{8}$
$\frac{1}{6}$ A 459 £ 17 ß 6 ſ les 48 pieces, combien la piece.

     57   9   8 $\frac{1}{4}$

reſp.   9 £ 11 ß 7 ſ $\frac{3}{8}$

H

$\frac{1}{8}$
$\frac{1}{8}$ A 579 £ 13 ß 4 ℔ les 64 pieces, combien la piece.

72   9   2

resp.   9 £   1 ß 1 ℔ $\frac{3}{4}$

Reduction des monnoyes.

PREMIEREMENT pour reduire les £ de 20 ß en ß, il se peut faire par deux moyens: le premier en multipliãt par 20 & l'autre, mettant deux fois la somme auec vn zero d'auantage. Et si apres la somme des liures il y a ß, faut mettre les ß au lieu d'vn zero: & pour faire le contraire, qui est de reduire les ß en liures, faut couper la derniere figure, & prendre la moitié des autres restantes comme a esté dit cy deuant.

Exemple.

457 £ combien ß   457 £ combien ß

20   4570

resp. 9140 ß   resp. 9140 ß

329 £ 8 comb. ß   577 £ 19 C. ß

3298   577

resp. 6588 ß   19

              resp. 11559 ß

Exemple du contraire qui est de reduire les sols en liures.

$\frac{1}{2}$ 9140 ß C. £   658·8 ß C. £   1155·9 ß C. £

R. 457 £   R. 329 £ 8 ß   R. 577 £ 19 ß

Pour reduire les sols en deniers.

POVR reduire les ß en deniers, il se peut faire par deux moyens l'vn plus bref que l'autre: le premier est de multiplier par 12 ℔ valeur d'vn ß: & le second qui est plus facile, est de mettre la somme trois fois, reculant l'vne des fois d'vne figure, puis les adiouster: & si apres les ß y a des deniers, les faut mettre en faisant l'exemple

auant

auant que de l'adiouſter. Et au contraire pour reduire les deniers en
ß, il ſe peut faire par deux moyés: le premier eſt de prendre la douzieme, qui eſt faſcheuſe à prendre par aucun s: le ſecond, qui eſt facile & bref, faut prendre le tiers & le quart du tiers, & ledit quart rendra ß. Et faut noter que le tiers reſtant ſur la derniere figure, chacun vaudra 1 ƒ, & chacun quart 3 ƒ, qu'il faudra adiouſter a-
uec les reſtans des deniers. Et qui voudroit par vne autre maniere reduire les ß en ƒ au plus bref à moins de figure, & non ſi facile, ne faudroit que adiouſter vn zero d'auantage à la ſomme des
ß, & en prendre le quint & l'adiouſter, & aduenant qu'auec leſdits
ß il y euſt des deniers faudroit adiouſter leſdits deniers apres le
produit dudit quint & adiouſter le tout comme ſe verra pratiqué
cy deſſoubs.

Exemple.

$$59 \text{ ß côb. ƒ} \qquad 59 \text{ ß côb. ƒ} \qquad 47 \text{ ß } 9 \text{ ƒ côb. ƒ}$$

$$\begin{array}{l} 1\ 2 \\ \hline \text{R.}\quad 7\,0\,8\ ƒ \end{array} \qquad \begin{array}{l} 5\ 9 \\ 5\ 9 \\ \hline \text{R.}\quad 7\,0\,8\ ƒ \end{array} \qquad \begin{array}{l} 47 \\ 479 \\ \hline \text{R.}\quad 573\ ƒ \end{array}$$

$$69 \text{ ß } 11 \text{ ƒ C.ƒ} \qquad\qquad 578 \text{ ß combien ƒ ainſi } \tfrac{1}{5}\ 5780$$

$$\begin{array}{l} 69 \\ 69 \\ 11 \\ \hline \text{R.}\quad 83\ 9\ ƒ \end{array} \qquad\qquad \text{Reſponſe}\ \begin{array}{l} 1\ 1\ 5\ 6 \\ \hline 6936\ ƒ \end{array}$$

$$346 \text{ ß } 11 \text{ ß combien ƒ ainſi } \tfrac{1}{5}\ 3460 \text{ ß } 11 \text{ ƒ}$$

$$692$$

$$\text{Reſponſe}\ \begin{array}{l} 11\ ƒ \\ \hline 4163\ ƒ \end{array}$$

Exemple du contraire, qui eſt de reduire en ß les deniers proue-
nus des ſix exemples ſuſdits.

$$\begin{array}{l} \tfrac{1}{12}\ \ 708\ ƒ\ \text{C.ß.} \\ \hline \text{R.}\quad 59\ \text{ß} \end{array} \qquad \begin{array}{l} \tfrac{1}{3}\ \ 708\ ƒ\ \text{C.ß.} \\ \tfrac{1}{4}\ \ 236 \\ \hline \text{R.}\quad 59\ \text{ß} \end{array} \qquad \begin{array}{l} \tfrac{1}{3}\ \ 573\ ƒ\ \text{combien ß} \\ \tfrac{1}{4}\ \ 191 \\ \hline \text{R.}\quad 47\ \text{ß } 9\ ƒ \end{array}$$

H   2

$\frac{1}{3}$ 839 ſ cõb.ß. $\frac{1}{12}$ 6936 ſ cõb.ß. $\frac{1}{3}$ 4163 ſ comb.ß.
$\frac{1}{4}$ 279   2   R. 578 ß $\frac{1}{4}$ 1387   2 ſ
R. 69 ß 11 ſ   R. 346 ß 11 ſ

*Pour reduire 579 $\frac{*}{V}$ en doubles ducats de 6 £ 10 ß piece, auec ſa
preuue qui eſt ſon contraire.*

POVR reduire 579 $\frac{*}{V}$ en doubles ducats, faut premierement reduire en ſols les eſcus, en les multipliãt par 60 ß valeur de l'eſcu,
puis partir par les ſols dudit ducat, & en viendra 267 ducats &
30 ß. Et pour faire la preuue, aſſauoir pour reduire les ducats en eſcus, ne faut que multiplier ladite ſomme par 6 £: & pour les 10 ß
d'auantage, valeur dudit ducat faut prendre la moitié deſdits eſcus:
& pour les 30 ß d'auantage, qui eſt 1 £ 10 ß, la faut adiouſter a-
uec le produit de l'exemple, & de l'addition en viendra liures, qu'il
faut reduire en eſcus, en prenant le tiers comme dit eſt.

Exemple.

En 579 $\frac{*}{V}$ de 60 ß piece, combien ducats de 6 £ 10 ß piece.
　　　60   6
　34740 ß   10
　　　　　　　　　　　　　　　　　　　　　　130 ß

　　　　　2 2
　　　　1 8 9 3
　　3 4 7 4 0 | 2 6 7 ducats & 30 ß
　　1 3 0 0 0
　　　　3 3
　　　　　1

Exemple du contraire qui eſt de reduire les ducats en eſcus.

$\frac{1}{2}$ 267 ducats & 30 ß, combien $\frac{*}{V}$ à 60 ß fs.
　　　6 £ 10 ß
　　1602 £
　　　133 £ 10 ß
　　　　1 £ 10 ß
$\frac{1}{3}$ 1737 £
R. 579 $\frac{*}{V}$

Pour reduire les escus piftolets de 5 9 ß piece, en angelots de 4 £ 10 ß
auec fon contraire.

POVR reduire 2577 piftolets en angelots, faut premierement
reduire en fols la fomme de piftolets, en les multipliant par 59 ß
puis partir fon produit par les fols d'vn angelot, & en viendra 1689
angelots & 33 ß. Et au contraire pour reduire les angelots, en ꝟ piftolets, faut premierement reduire iceux angelots en fols, en les multipliant par les fols dudit angelot, & à la multiplicatió y adioufter les
33 ß puis partir le produit des fols par 59 ß valeur du piftolet, &
de la partition en viendra les 2577 piftolets de 59 ß.

Exemple.

En 2577 piftolets de 59 ß combien angelots de 4 £ 10 ß piece

```
    59 ß                                    4
  23193 ß                                  10 ß
  12885                                    ─────
  ──────                                   90 ß
 152043 ß
```

```
        6883
   152043|1689 angelots & 33 ß
       90000
        999
```

Exemple du contraire qui eft de reduire les angelots en piftolets.

En 1689 angelots & 33 ß, Les angelots à 4 £ 10 ß, combien pi-

```
    90 ß            1          4      ftolets de 59 ß
 152010 ß          11         10 ß
     33 ß          906        ─────
 ──────────                   20 ß
 152043 ß          3451
```

```
   152043 | 2577 piftolets de l'exemple
    59999           fufdit
     555
```

Pour reduire les escus pistolets de 58 ß 6 ₰ en millerets
de 6 ℔ 8 ß piece.

POVR reduire 559 pistolets en millerets, faut premieremét multiplier les pistolets par 58 ß, & pour 6 ₰ en prendre la moitié
& l'adiouster auec la multiplication, & partir la somme des ß qui
en viendront par les ß d'vn milleret, & en viendra 255 millerets &
61 ß 6 ₰ d'auantage.

Exemple.

En 559 pistolets à 58 ß 6 ₰, combien millerets à 6 ℔ 8 ß piece.

```
      58 ß 6 ₰                  11            68 ß
   ───────────                  22          ─────────
    4472 ß                      77           128 ß
  2795                          1816
    279 ß 6 ₰                 32701|255 millerets & 61 ß 6 ₰
  ─────────────               12888
  32701 ß 6 ₰                   122
                                  1
```

SI par curiosité on vouloit faire le contraire, qui est de reduire
les millerets en pistolets de 58 ß 6 ₰, pour le plus facile faudroit premierement reduire en deniers ladite somme de millerets, en
multipliant par les deniers de sa valeur, & à la multiplication y faudroit adiouster les deniers de 61 ß 6 ₰, prouenus audit exemple,
puis faudroit partir la somme totale des deniers par les deniers de
58 ß 6 ₰ valeur dudit pistolet, & en ce faisant en viendroit les 559
pistolets de l'exemple susdit, & cela faut noter pour vne regle generale.

Pour reduire les liures de 20 ß en doubles pistolets de 5 ℔ 18 ß piece
auec son contraire.

POVR reduire 2679 ℔ en doubles pistolets, les faut
premierement reduire en ß, puis partir par les ß du
double pistolet, & en viédra 454 doubles pistolets & 8 ß
d'auantage

d'auantage,& pour faire fon contraire qui eft de reduire les doubles
piftolets en liures, les faut multiplier par les 5 £, & pour les 18 ℔
prendre pour les 10 ℔ la moitié defdits doubles piftolets, & pour
8 ℔ les deux quints, ou bien pour les 18 ℔ fe feruir du moyen
des parties fufdites de la liure de 20 ℔ au plus brief, qui eft de
couper la derniere figure & la multiplier par 9 comme l'exemple le monftrera. Et touchant aux 8 ℔ dauantage aux doubles piftolets, les faut adioufter audit exēple auec les autres produits, & en
viendra les 2679 £ pour ledit contraire, & preuue de ladite reduction.

Exemple.

En 2679 £ combien piftolets doubles, de 5 £ 18 ℔ piece

```
      20 ℔          14              5
   ─────────        68             18
    53580 ℔       ─────           ────
                  19348            118 ℔
                 ─────
                 53580 | 454 doubles piftolets & 8 ℔
                 11888
                 ─────
                  111
                   1
```

Exemple du contraire qui eft de reduire les doubles piftolets en liures.

En 454 doubles piftolets & 8 ℔, lefdits doubles piftolets de 5 £

```
    5 £ 18 ℔            9                  18 ℔, combien £.
  ───────────
   2270 £            454 doubles piftolets, cōbien £ au plus
    227 £          ─────────────                      bref
   90 £ 16 ℔          5 £ 18 ℔
   90 £ 16 ℔        ─────────────
    0 £  8 ℔          2270 £
  ───────────         408 £ 12 ℔
 R. 2679 £             0 £  8 ℔
                    ─────────────
                   refp. 2679 £
```

PREMIEREMENT pour reduire 59 ß ₰ en sols d'or faut prendre le tiers & chacun tiers restant sur la derniere figure vaudra 4 ₰ d'or, & aussi pour reduire 47 ß 10 ₰ ₰ en sols & deniers d'or, faut aussi prendre le tiers & chascun tiers restant sur la derniere figure des sols, les faut tenir pour 12 ₰, pour y adiouster les 10 ₰ de l'exemple, pour puis en prendre le tiers: & s'il reste tiers sur les deniers, chascun restât vaudra vn denier ₰: & au contraire pour reduire les sols & deniers d'or en sols & deniers tournois, faut multiplier par 3 commençant aux deniers, s'il y en a, venant aux sols: & s'il y a quelques deniers ₰ restant à l'exemple, les faut adiouster en faisant la multiplication des deniers d'or.

Exemple.

⅓ 59 ß ₰ combien sols d'or   ⅓ 47 ß 10 ₰ ₰ C. ß & ₰ d'or.
resp. 19 ß 8 ₰ d'or   R. 15 ß 11 ₰ d'or & 1 ₰ ₰

Exemple du contraire.

19 ß 8 ₰ d'or, C. ß ₰   15 ß 11 ₰ d'or & 1 ₰ ₰, C. ß & ₰ ₰
        3   3
R. 59 ß ₰   resp. 47 ß 10 ₰ ₰

Pour reduire les liures sols & deniers ₰ en escus sols & deniers d'or auec son con-
traire, l'escu de 60 ß ₰ valant 20 ß d'or, & le sol de 12 ₰ d'or à la raison
dite de 3 ß ₰ pour vn sol d'or, & de 3 ₰ ₰ pour vn denier d'or.

POVR reduire 4787 ₤ 18 ß 10 ₰ ₰ en escus sols & deniers d'or, faut prendre le tiers de ladite somme, & en prenant le tiers sur la derniere figure des liures, s'il reste tiers, les faut tenir pour autant de liures de 20 ß, pour y adiouster les 18 ß dudit exemple, pour puis en prédre le tiers, & le tiers restant sur les sols le
faut

faût tenir pour 12 ₰, pour y adiouſter les 10 ₰ de l'exemple pour
en prendre auſſi le tiers, & on trouuera que les 4787 ₤ 18 ẞ 10 ₰
ẝ ne vaudront que 1595 ⚹ 19 ẞ 7 ₰ d'or, & 1 ₰ ẝ, & pour faire le côtraire qui eſt de reduire ladite ſomme d'eſcus ẞ & deniers
d'or, en ₤, ẞ & ₰ ẝ, ne faut que multiplier par 3 commençant aux
₰, venant aux ẞ & aux ⚹.

Exemple.

$$\tfrac{1}{3} \quad \overset{58}{}$$

4787 ₤ 18 ẞ 1 0 ₰ ẝ combien ⚹, ẞ & ₰ d'or,

R. 1595 ⚹ 19 ẞ 7 ₰ d'or & 1 ₰ ẝ

Exemple du contraire.

1595 ⚹ 19 ẞ 7 ₰ d'or & 1 ₰ ẝ, combien ₤, ẞ & ₰ ẝ

$$\overset{3}{}$$

R. 4787 ₤ 18 ẞ 10 ₰ ẝ.

Bordereau des payemens, c'eſt à dire, reduction de pluſieurs eſpeces en celle
qu'on demande.

PRESVPPOSANT qu'vn crediteur a à receuoir de ſon debiteur vne ſomme d'eſcus d'or ſol de 60 ẞ ẝ piece, lequel debiteur luy veut faire ſon bordereau de payement, à ſçauoir premierement en tant d'eſcus piſtolets, de 58 ẞ piece, en tant de doubles piſtolets à 5 ₤ 18 ẞ 6 ₰, & en tant d'angelots à 4 ₤ 10 ẞ. Or pour
reduire toutes ces eſpeces en eſcus de 60 ẞ, faut particulierement
reduire chacune quantité d'eſpeces en liures, puis adiouſter toutes
les liures qui ſeront prouenues deſdites eſpeces, poûr puis en prendre
le tiers, pour les reduire en eſcus de 60 ẞ pour faire ledit payemêt,
audit creâcier, duquel bordereau n'a eſté beſoin que i'aye figuré l'e-
xemple pour ne me rendre prolixe.

I

Pour reduire au bref les quarnes des teſtons de 5 8 ℔ la quarne en eſcus
de 6 0 ℔ ℔.

Our reduire 1586 quarnes teſtons en eſcus ſol, faut couper la
derniere figure, & prédre le tiers des autres & en viendra 52 ⚹⍶
& les tiers reſtans ſur la derniere figure auant la coupée, chacun vaudra yne dizaine, qu'il faut mettre auát la figure coupée au deſſus du 8
& ſe trouuera 26 lequel 26 faut doubler & ſeront 52 ℔ qu'il faut
mettre apres leſdits 52 ⚹⍶, & ſeront 52 ⚹⍶ 52 ℔ ℔ qu'il faut ſoubſtraire deſdits 1586 quarnes de teſtons, en tenant les 1586 quarnes
pour autant d'eſcus de 6 0 ℔ & le reſtant ſera 1533 ⚹⍶ 8 ℔ ℔ ⚹⍶ de
6 0 ℔ piece,

Exemple.

         2

$\frac{1}{3}$ 1586 carnes teſtons de 58 ℔ la carne, combien ⚹⍶ de 6 0 ℔

         5 2 ⚹⍶ 52 ℔

R. 1533 ⚹⍶ 8 ℔ ℔

Et qui voudroit faire le contraire qui eſt de reduire ladite ſomme
d'eſcus en carnes de teſtons, pour le plus facile, il ne faudroit que reduire en ſols les eſcus, puis les partir par 58 ℔ valeur de la carne.

Pour reduire les liures de 2 0 ℔ ℔ en florins de 1 2 ℔ ℔ auec ſon contraire,
dont le caractere du florin eſt tel ffℓ.

Our reduire 2576 ℔ en florins, faut prendre le tiers, & mettre ſon produit deux fois, & chaſcun tiers reſtant ſur la dernie
re figure vaudra 4 ℔, qui eſt le tiers d'vn florin, puis faut adiouſter
le tout enſemble & en viendra 4293 ffℓ 4 ℔ ℔. Et au cótraire pour
reduire les florins en liures, pour le plus facile & bref ne faut que
prendre la moitié & la dixieſme de la ſomme, ou le quint de la moitié, adiouſtát ces deux produits enſemble, & y mettre les 4 ℔ reſtát
de l'exmple, comme le tout ſe verra figuré cy apres.

$\frac{2}{3}$ 25

Exemple

$\frac{2}{3}$ 2576 £ t₃ combien ffe de 12 ß t₃
       858 ffe 8 ß
       858 ffe 8 ß

$\frac{1}{2}\frac{1}{10}$ R. 4293 ffe 4 ß combien de liures de 20 ß t₃
       2146 £ 10 ß
        429 £ 6 ß
              4 ß

reſp. 2576 £

Pour reduire les £ pariſis de 25 ß t₃ en £ de 20 ß t₃ auec ſon contraire.

Our reduire liures pariſis en liures tournois, ne faut que prédre le quart de la ſomme des liures, & l'y adiouſter, & chacun quart reſtant ſur la derniere figure vaudra 5 ß. Et ſi auec la ſomme des liures pariſis il y a ß & ₷, faut noter que les quarts reſtás ſur la dernie-re figure des liures les faut tenir chacune pour 20 ß, pour y ad-iouſter les ß qui ſe trouueront aux exemples, pour en prendre le quart: & les quarts reſtans ſur les ſols, les faut tenir chacun pour 12 ₷ pour y adiouſter les deniers qui ſe trouueront aux exemples pour en prendre auſſi le quart. Et au contraire pour reduire les liures tour-nois en liures pariſis, faut pendre le quint & le ſouſtraire comme ſe verra par les exemples ſuyuans.

Exemple.

                    57
$\frac{1}{4}$ 678 £ pariſis, C. £ t₃ $\frac{1}{4}$ 378 £ 17 ß 6 ₷ pariſis combiē £ t₃
   169——10——   94——14——4——$\frac{1}{2}$
R. 847 £ 10 ß t₃   R. 473 £ 11 ß 10 ₷ $\frac{1}{2}$ t₃

Exemple du contraire, qui eſt de reduire les £ tournois en £ pariſis.

$\frac{1}{5}$ 847 £ 10 ß t₃ C. £ pariſis $\frac{1}{5}$ 473 £ 11 ß 10 ₷ $\frac{1}{2}$ t₃ C.Pa.
   169 £ 10 ß   94 £ 14 ß 4 ₷ $\frac{1}{2}$
R. 678 £ pariſis   R. 378 £ 17 ß 6 ₷ pariſis

Pour reduire les liures monnoye de Bretaigne en liures f₃, auec son contraire, à raison que la liure monnoye vaut 24 ß f₃.

POVR reduire les liures monnoye en liures f₃, faut prendre le quint des liures monnoye, & l'y adiouster: & chacun quint restant sur la derniere figure vaudra 4 ß f₃, & si auec la somme des liures monnoye, il y a ß & ſ d'auantage, faut aussi prendre le quint & l'y adiouster. Et au contraire, pour reduire les liures tournoises en liures monnoye, faut prendre le sixiesme & le soubstraire.

Exemple.

$\frac{1}{5}$ 477 £ monnoye, C. £ f₃ $\frac{1}{5}$ 547 £ 17 ß 9 ſ monn. C. £ f₃
    95 £ 8 ß   109——11——6——$\frac{3}{5}$
R. 572 £ 8 ß f₃   657 £ 9 ß 3 ſ $\frac{3}{5}$ f₃

Exemple du contraire, qui est de reduire les £ f₃ en £ monnoye de Bretagne.

$\frac{1}{6}$ 572 £ 8 ß f₃ combien £ monnoye
    95——8 $\frac{1}{6}$ 657 £ 9 ß 3 ſ $\frac{3}{5}$ f₃ C. £ monnoye
resp. 477 £ monnoye.   109——11——6——$\frac{3}{5}$
                                                R. 547 £ 17 ß 9 ſ monnoye

Pour reduire les francs bourdelois en liures tournoises auec son contraire, à raison de 15 ß f₃ pour vn franc bourdelois.

POVR reduire les francs bourdelois en liures tournois faut prédre la moitié & le quart desdits francs, & adiouster les deux produits ensemble: & faut noter que la moitié restáte vaudra 10 ß f₃, & chacun quart restant 5 ß. Et au contraire pour reduire les liures tournois en francs bourdelois, faut prendre le tiers de la somme des £, & l'y adiouster, & chacun tiers restant sur la derniere figure desdites liures vaudra 5 ß f₃.

Exem-

Exemple.

½ ¼ 579 francs bourdelois, combien ℒ ℔.
　289 ℒ 10 ℬ
　144 ℒ 15 ℬ
resp. 434 ℒ 5 ℬ ℔ combien francs bourdelois
⅓ 144——10 ℬ
resp. 579 francs bourdelois

*Pour reduire les carolus de 10 ℊ piece en sols de 12 ℊ,
auec son contraire.*

POVR reduire les carolus en ℬ faut prēdre la sixieme & la soubstraire, & les sixiemes restans sur la derniere figure vaudront chacun 2 ℊ. Et au contraire pour reduire les ℬ en carolus, faut prendre
le quint des ℬ & l'y adiouster, & chacun quint restant vaudra 2 ℊ.

Exemple.

⅙ 59 carolus de 10 ℊ piece, combien ℬ de 12 ℊ ℔.
　9 ℬ 10 ℊ ℔
R. 49 ℬ 2 ℊ ℔ combien carolus de 10 ℊ piece.
⅕ 9——8——
R. 59 carolus de l'exemple susdit.

*Pour reduire en liures ℔ les carnes de carolus de 10 ℊ
piece, auec son contraire.*

POVR reduire les quarnes de carolus en liures tournoises, en faut
prendre la sixieme, & chacun sixieme restant vaudra 3 ℬ 4 ℊ.
Et au contraire, pour reduire les liures en quarnes de carolus ne faut
que multiplier par 6 ladite somme de liures: & touchāt aux ℬ & ℊ
qui seront d'auantage aux liures, les faut reduire en carolus, en y adioustant le quint comme dit est: puis en prendre le quart pour les reduire en quarnes, pour puis apres les adiouster au produit de la multiplication des liures.

Exemple.

179 quarnes carolus combien £ ƒȝ auec son contraire.

　⅙　R.　29 £ 16 ß 8 ʃ ƒȝ.　　　⅕　16 ß 8 ʃ côbiē quarnes carol.

　　　　　6　　　　　　　　　　　　　3 ß 2 ʃ

　　　　174　　　　　　　　　　　20 carolus

　　　　　5　　　　　　　　　　¼　5 quarnes carolus.

　R.　179 quarnes carolus.

*Reduction de quelques eʃpeces de la monnoye de Sauoye en £ ß & ʃ |
monnoye de France, principalement pour les marchands de Lyon
qui traffiquent en ladite Sauoye.*

PREMIEREMENT pour reduire les ß de Sauoye en ß ƒȝ à raiſon que les 5 ß de Sauoye ne valent que 4 ß ƒȝ, pour ce faire faut prendre le quint de la ſomme propoſee, & le ſoubſtraire d'icelle, & chacun quint reſtant ſur la derniere figure vaudra vn quart de Sauoye, pource que cinq quarts font le ß ƒȝ. Et au côtraire pour reduire les ß tournois en ß de Sauoye, faut prendre le quart de la ſomme des ß & l'y adiouſter, & chacun quart reſtant vaudra vn quart de Sauoye.

Exemple.

　⅕　79 ß Sauoye, combien ß ƒȝ

　　　15————— 4 quarts de Sauoye.

　R.　63 ß ƒȝ & i quart de Sauoye, combien ß ƒȝ

　¼　15————— 3 quarts

　R.　79 ß Sauoye de l'exemple ſuſdit.

De la reduction des quarnes de ß de Sauoye en liures tournoiſes.

POVR reduire en liures ƒȝ les quarnes de ß de Sauoye, faut premieremét multiplier par 4 la ſomme des quarnes, & de ſon produit en prendre le quint du quint, & le dernier quint rendra liures tournois, & chacun quint reſtát ſur la derniere figure vaudra 4 ß ƒȝ: & auſſi chacun quint reſtát ſur leſ ß ƒȝ vaudra vn quart de Sauoye.

Exem-

Exemple.

159 carnes ß de Sauoye, combien £ ʒ

  4

636

127 £ 4 ß

R. 25 £ 8 ß ʒ & 4 quarts qui est 1 ß de Sauoye.

 Pour reduire en £ de 20 ß ʒ les ffe de 12 ß Sauoye.

POVR reduire en liures vne somme de florins de Sauoye. Pour le plus facile & bref faut adiouster vn zero d'auantage à la somme des florins, & en prendre le quint, & l'y adiouster, & du produit en viendra ß de Sauoye : pour lesquels reduire en liures en faut prendre le quint, & du produit dudit quint encores le quint, & ce qui viendra du dernier quint seront £, ß, & ʒ ʒ selon que l'exemple sera proposé : & faut noter qu'en prenant le quint sur la derniere figure des £ que chacun quint restant vaudra 4 ß ʒ, & en prenant le quint des ß restans du premier quint, chacun quint restant vaudra 2 ʒ ⅖ ʒ comme se verra pratiqué cy apres.

Exemple.

579 ffe Sauoye, côbien £ ʒ ainsi ⅕ 5790

         1158

    ⅕ 6948 ß Sauoye

    ⅕ 1389 £ 12 ß ʒ

   Response　277 £ 18 ß 4 ʒ ⅘ ʒ

Les 579 ffe Sauoye ne valent que 277 £ 18 ß 4 ʒ ⅘ ʒ

 Le contraire qui est de reduire les £, ß, & ʒ ʒ en ffe de Sauoye.

POVR sçauoir si les 277 £ 18 ß 4 ʒ ⅘ ʒ susdits reuiendront aux 579 ffe de la regle precedente faut premierement adiouster deux zero aux 277 £ puis en prendre le quart, & le produit du quart seront ß de Sauoye, pour lesquels reduire en florins en faut prendre la douzieme, ou bié le tiers & le quart du tiers, lequel quart du tiers rédra florins, qu'il faut laisser à part pour venir reduire en ß Sauoye les 18 ß 4 ʒ ⅘ ʒ prenant le quart d'iceux pour l'y adiou-

fter,& en viendra 2 3 ß de Sauoye qui font 1 ffe 11 ß Sauoye qu'il
faut adiouster auec les autres florins mis à part : & en viendra iustement les 5 7 9 ffe de la regle precedente comme se verra pratiqué
cy dessoubs.

Exemple.

2 7 7 £ 18 ß 4 ʒ ⁴⁄₅ ʒ̃ combien ffe de Sauoye.
Ainsi $\frac{1}{4}$ — 2 7 7 0 0
$\frac{1}{12}$ 6 9 2 5 ß

   5 7 7 ffe 1 ß à part   18 ß 4 ʒ & ⁴⁄₅ ʒ̃ côb. de Sauoye
     1 ffe 11 ß   4 ß 7 ʒ $\frac{1}{5}$
     5 7 9 ffe   2 3 ß qui font 1 ffe 11 ß Sauoye.

Responfe.

Les 2 7 7 £ 18 ß 4 ʒ ⁴⁄₅ ʒ̃ reuiennent aux 5 7 9 ffe de la regle
precedente:& faut noter le moyen de ladite regle auec son contraire pour s'en feruir à toutes autres de femblable fubiet,combien que
les exemples foyent differens de fomme.

Pour reduire les £ ʒ̃ en piftolets de 6 ffe 2 ß Sauoye.

POVR faire payement de 4 2 8 £ ʒ̃ en ▽ piftolets de 6 ffe 2 ß
Sauoye. Pour ce faire au plus bref faut premierement reduire
les £ ʒ̃ en ß de Sauoye par le moyen qui a efté dit cy deffus: puis
les partir par les ß de 6 ffe 2 ß & de la partition en viendra 1 4 4 ▽
piftolets & 4 4 ß Sauoye. Or pour faire fon contraire qui eft de
fçauoir fi les 1 4 4 ▽ piftolets & 4 4 ß Sauoye reuiendront aux
4 2 8 £ ʒ̃ faut reduire en ß Sauoye ladite fomme d'efcus en les
multipliant par les ß des 6 ffe 2 ß qui font 7 4 ß, & à la multiplication faut adioufter les 4 4 ß qui font d'auantage aufdits ▽
piftolets. Et de la fomme des ß qui en viédra qui feront ß Sauoye
pour les reduire en £ ʒ̃, en faut prendre le quint du quint, comme
a efté dit cy deffus, & on trouuera que du dernier quint en viendra
iuftemét les 4 2 8 £ ʒ̃ de la demande fufdite. Et faut noter le moyé
de ladite reduction auec fon contraire, pour s'en feruir à toutes autres de femblable fubiet, combien que la fomme des liures foit de
plus

plus grande ou moindre valeur. Excepté que quãd à l'eſpece qu'on
demande il y a des deniers apres les β faut faire comme enſuit cõme par exemple, voulant reduire 2550 ₤ ƒᵴ en ▽ de 6 ſſ 4 β
6 ſ Sauoye, pour ſçauoir combien il en faut. Faut premierement reduire en β de Sauoye ladite ſomme des ₤ par le moyen dit cy deuant, & les β qui en viendront les faut reduire en ſ en y adiouſtant
vn zero, puis prendre le quint & l'y adiouſter, & ſeront ſ de Sauoye
qu'il faut laiſſer à part pour venir auſſi à reduire en ſ de Sauoye les
6 ſſ 4 β 6 ſ valeur dudit eſcu, & en viendra 918 ſ pour partiteur des ſ de Sauoye mis à part, & de la partition en viendra 833 ▽
& ſur icelle partition reſtera 306 ſ qu'il faut reduire en β en prenant la douzieme, & en viẽdra 25 β 6 ſ Sauoye, par ainſi on pourra faire certaine reſpóſe que les 2550 ₤ ƒᵴ valent 833 ▽ 25 β 6 ſ
Sauoye, l'eſcu de 6 ſſ 4 β 6 ſ. Et faut auſſi noter le moyen de ladite
reductiõ pour s'en ſeruir à toutes autres de ſemblable ſubiet, cõbien
que les ſommes des liures & le prix de l'eſpece qu'on veut auoir ſoit
different. Et aduenant qu'apres les liures il y eut β & ſ ƒᵴ cõuien-
droit reduire en β & ſ de Sauoye leſdits β & ſ ƒᵴ pour les adiouſter auec les ſ de Sauoye qui ſeroyent prouenus des ₤ qui ſeroyent propoſees, dõt pour ne me rendre tant prolixe n'eſt beſoin q̃
ie baille autre inſtructiõ de ladite reduction de monnoye de Sauoye
en mõnoye de France, ny d'autre part, par ce que qui aura bien compris les ſuſdictes reductions il aura meilleur iugement pour comprendre les exemples qui luy ſeroyent propoſez.

Reduction de la monnoye de Flandres en monnoye de France.

FAVT noter que pluſieurs marchans tiennent d'ancienneté que
la liure de 20 β de gros vaut 7 ₤ 4 β ƒᵴ monnoye de Frã-
ce, & ont pris leur ſubiet ſur les teſtons de France qui au temps paſſé ne valoyẽt que 12 β ƒᵴ qui faiſoyent 10 patars de ladite mõnoye
de Flandres, de 6 patars pour le β de gros, & de 2 ſ de gros pour
vn patart qui reuient à 12 ſ de gros pour 1 β de gros.

K

Premierement pour reduire les ß de gros qu'on appelle gros de Flandres en ß f₃,
& en £ f₃ , à raison que les 5 ß de gros ne valent que 3 ß f₃,
reuenant chacun ß de gros à 7 ß ⅕ f₃.

POVR reduire les ß de gros de Flandres en ß f₃ au plus bref, ne faut que les multiplier par 3 puis prendre le quint de la multiplication, & chacun quint restant sur la derniere figure vaudra 2 ß & ⅖ f₃. Aussi pour reduire les ß de gros en liures f₃ ne faut que multiplier par 3 & de la multiplication en couper les deux figures dernieres d'vn petit poinct, ainsi · & les restantes seront £ f₃, & des deux figures coupees en faut prendre le quint & en viendra ß f₃.

Exemple.

1 3 9 ß de gros, Combien ß f₃

3

⅕   4 1 7

R.   8 3 ß 4 ß ⅘ f₃

Pour reduire les ß de gros en £ f₃.

9 5 8 9 ß de gros, combien liures tournoises.

3

2 8 7 · 6 7

Resp.   2 8 7 £ 1 3 ß 4 ß ⅘ f₃

Responfe, les 9589 ß de gros valẽt 287 £ 13 ß 4 ß ⅘ f₃. Pour faire le contraire qui est de reduire les £ f₃ en ß de gros, ne faut qu'adiouster deux zero à la somme des £ f₃, & en prendre le tiers. Et quant aux ß & ß qui font d'auantage aux liures, les faudroit reduire en ß de gros en adioustant les deux tiers.

De la reduction des patars de Flandres en ß f₃, & aussi en £ f₃, à
raison que les 5 patars valent 6 ß f₃, & à ceste raison
ledit patart est de 14 ß ⅖ f₃.

POVR reduire les patars en ß f₃ au plus bref, ne faut que prendre le quint & l'y adiouster, & chacun quint restãt sur la derniere figure

gure vaudra 2 ß ⅖ fz, qui eſt le quint d'vn ß. Et auſſi pour reduire
les patars en liures tournoiſes au plus bref, ne faut que multiplier
par 6 puis de la multiplication en couper les deux figures dernieres,
& les reſtantes ſeront liures fz, & des deux figures coupees en faut
prendre le quint & en viendra ß fz apres les liures fz.

Exemple.

⅖   5 9 patars, combien ß fz
        1 1 ß 9 ß ⅗ fz
Reſp.   7 0 ß 9 ß ⅗ fz

Exemple de reduire les patars en liures fz.

7 5 8 7 patars, combien £ fz.
                6
        4 5 5 2 2
Reſp. 4 5 5 £ 4 ß 4 ß ⅘ fz

Touchant au contraire des deux exemples ce ne ſeroit que prolixité de le propoſer, pource qu'il ne vient point en vſage: toutesfois
ſi par curioſité on veut premierement reduire les ß tournois en patars, ne faudroit que prédre la ſixieme, & la ſouſtraire. & pour reduire les £ fz en patars, ne faut qu'adiouſter deux zero d'auantage à la
ſomme des liures, puis en prendre la ſixieme, & en viendront patars:
& cela faut noter. Et qui voudroit reduire en £ de 20 ß fz les florins de 20 patars qui valent 24 ß fz, ne faudroit qu'y adiouſte ſn
quint: & au contraire, pour reduire les liures fz en florins, faut ſoubſtraire ſon ſixieme, & ſon reſtant ſeront florins.

De la reduction des ß de gros en ß tournois à raiſon de 7 ß 2 ß ⅖ fz pour vn
ß de gros, qui eſt à la raiſon dite de 7 £ 4 ß fz pour vne £ de gros.

POVR reduire les ß de gros en ß fz, les faut multiplier
premierement par 7 ß fz puis prendre le quint deſdits
ß de gros, & l'adiouſter auec la multiplication, & chacun
quint reſtant ſur la derniere figure vaudra 2 ß ⅖ fz, &

K 2

auec les ß de gros, s'il y a des ƒ de gros, faut commencer la multiplication aux ƒ de gros, venant aux ß, & prendre aussi le quint
desdits ß & ƒ de gros.

Exemple.

9 ß de gros comb. ß ₮	8 ß 10 ƒ de gros comb. ß & ƒ ₮
7 ß ⅕	7 ß ⅕
63 ß	61 ß 10 ƒ
1 ß 9 ƒ ⅗	1 ß 9 ƒ ⅕
resp. 64 ß 9 ƒ ⅗ ₮	resp. 63 ß 7 ƒ ⅕ ₮

*Reduction des liures de gros en liures ₮ auec le contraire, à la raison dite
de 7 ₤ 4 ß ₮ pour vne liure de gros lesquels 4 ß
font ⅕ de liure ₮.*

POVR reduire les liures de gros en liures ₮. Faut premierement
multiplier par 7 lesdites liures, & s'il y a ß & deniers de gros,
apres icelles faut commencer la multiplication aux ƒ venant aux ß
& aux ₤ puis dudit exemple en prendre le quint pour l'adiouster
auec le produit de la multiplication. Et au contraire pour reduire les
liures ₮ en liures de gros, en faut premierement prendre le tiers, &
le tiers du tiers, puis le quart du produit du dernier tiers pour l'adiouster auec ledit dernier tiers, & de ces deux produits en viendra liure ß & ƒ de gros.

Exemple.

578 ₤ 15 ß 6 ƒ de gros combien ₤ ß & ƒ ₮	
7 ₤ ⅕	
4051 ₤ 8 ß 6 ƒ	
115 — 15 — 1 ⅕	
resp. 4167 ₤ 3 ß 7 ƒ ⅕ ₮	

Exem-

Exemple du contraire qui eſt de reduire les 4 1 6 7 £ 3 ß 7 ℊ ⅕ ₰ en
£, ß & ℊ de gros.

$\frac{1}{3}$ 4 1 6 7 £ 3 ß 7 ℊ ⅕ ₰ combien £ ß & ℊ de gros
$\frac{1}{3}$ 1 3 8 9 —— 1 —— 2 —— ⅖
$\frac{1}{4}$ 4 6 3 —— 0 —— 4 —— ⅘
          1 1 5 —— 1 5 —— 1 —— ⅕

reſpon. 5 7 8 £ 15 ß 6 ℊ de gros de l'exemple ſuſdit.

De la reduction des liures Cambreſi & Artois, en liures ₰ & liures de gros
auec leur contraire, à raiſon que la liure dudit Cambreſi & Artois vaut
6 £ ₰, & les 7 £ 4 ß ₰ font la liure de 20 ß de gros
comme dict eſt.

PREMIEREMENT pour reduire les £ Cambreſi & Artois en liures tournoiſes, à la raiſon dite, les faut multiplier par 6. Et au
côtraire pour reduire les liures tournoiſes en liures Cambreſi & Artois, en faut prendre la ſixieme, & pour reduire leſdites liures Cambreſi & Artois en liures de gros mônoye de Flandres, qu'on dit forte
monnoye, faut prendre la moitié, & le tiers de la ſomme qui ſera pro
poſée, & adiouſter les deux produits enſemble & en viendra £ ß &
ℊ de gros. Et au contraire pour reduire les liures de gros en liures de
Cambreſi & Artois, faut prendre le quint & l'y adiouſter.

Exemple.

5 7 9 £ 15 ß 6 ℊ Cambreſi & Artois combien £, ß & ℊ ₰
                    6 £
reſp. 3 4 7 8 £ 13 ß 0 ℊ ₰

Exemple du contraire qui eſt de reduire leſdits 3 4 7 8 £ 13 ß ₰
en £ ß & ℊ Cambreſi & Artois pour auoir leſdits 5 7 9 £ 15 ß 6 ℊ
dudit Cambreſi & Artois de l'exemple ſuſdit.

$\frac{1}{6}$ 3 4 7 8 £ 13 ß ₰ combien £, ß & ℊ Cambreſi & Artois
reſp. 5 7 9 £ 15 ß 6 ℊ Cambreſi & Artois

Exemple de la reduction des £, ß & ƒ Cambreſi & Artois en £, ß
& ƒ de gros auec ſon contraire.

$\frac{1}{2}\ \frac{1}{3}$ 365 £ 15 ß 6 ƒ Cambreſi & Artois cõbien £, ß & ƒ de gros
  182 £ 17 ß 9 ƒ
   121———18———6———

reſp. 304 £ 16 ß 3 ƒ de gros

Le contraire qui eſt de ſçauoir ſi les 304 £ 16 ß 3 ƒ de gros reuiendront aux 365 £ 15 ß 6 ƒ Cambreſi & Artois de l'exẽple ſuſdit dont enſuit la pratique dudit contraire.

Exemple.

$\frac{1}{5}$ 304 £ 16 ß 3 ƒ de gros cõbien £, ß & ƒ Cambreſi & Artois
   60———19———3———

reſp. 365 £ 15 ß 6 ƒ dict Cambreſi & Artois dudit exemple

Autre reduction de £, ß *&* ƒ *de gros de* 7 £ 4 ß ƒ₅ *pour* £ *comme dit
eſt, en* ✻/▽ *de* 20 ß *d'or qui valent* 60 ß ƒ₅, *auec ſon contraire.*

POVR reduire les £, ß & ƒ de gros en ✻/▽, de 20 ß d'or faut
multiplier l'exemple par 2 ✻/▽ commençant aux ƒ venant aux ß
& aux £ & du produit de la multiplication en prendre le quint &
l'y adiouſter. Et au contraire pour reduire les ✻/▽, ß, & ƒ d'or en
£ de gros, faut prendre le quart & le ſixieme, tout de la meſme
ſomme, & les adiouſter, comme le tout ſe verra figuré cy apres.

Exemple.

259 £ 15 ß 6 ƒ de gros, combien ✻/▽, ß & ƒ d'or
      2 ✻/▽

$\frac{1}{5}$ 519 ✻/▽ 11 ß 0 ƒ
  103———18———2 ƒ $\frac{2}{5}$

reſp. 623 ✻/▽ 9 ß 2 ƒ $\frac{2}{5}$ d'or, combien £, ß & ƒ de gros

$\frac{1}{4}\ \frac{1}{6}$ 155 £ 17 ß 3 ƒ $\frac{3}{5}$
  103———18———2 ƒ $\frac{2}{5}$

reſp. 259 £ 15 ß 6 ƒ de gros

Icy

Icy finiſſent les reductions de pluſieurs ſortes de monnoyes les
plus requiſes & neceſſaires aux marchands de France,& autres,d'ont
par le moyen de leurs exemples on ſe pourra ſeruir à tous autres differents de valeur: Et enſuyuent cy apres pluſieurs trafiques de marchandiſes, auſquelles ſeront contenues particulierement les reigles
qui ſeront requiſes à chaſcun trafiq.

Premierement du trafiq pour les marchands de draps de laine, draps de ſoye,
canabaciers & lingiers qui vendent toiles & autres ſortes de mar-
chandiſes à la meſure de l'aulne. Et auant qu'entrer audit
trafiq,ie me ſuis aduiſé de mettre cy apres l'expli-
cation des parties rompües de
l'aulne de France.

L eſt à noter que l'aulne de France ſe deſpart premieremẽt en
deux demis,quatre quarts, huict huictiemes, ſeize ſeiziemes,
trois tiers,ſix ſixiemes, douze douziemes,& vintquatre vintquatrie-
mes:dont à la dite aulne on y compte tels rompus, à ſçauoir $\frac{1}{2}$ $\frac{1}{4}$
$\frac{3}{4}$ $\frac{1}{8}$ $\frac{3}{8}$ $\frac{5}{8}$ $\frac{7}{8}$ $\frac{1}{16}$ $\frac{3}{16}$ $\frac{5}{16}$ $\frac{7}{16}$ $\frac{9}{16}$ $\frac{11}{16}$ $\frac{13}{16}$ & $\frac{15}{16}$ $\frac{1}{3}$ $\frac{2}{3}$
$\frac{1}{6}$ $\frac{5}{6}$ $\frac{1}{12}$ $\frac{5}{12}$ $\frac{7}{12}$ & $\frac{11}{12}$ $\frac{1}{24}$ $\frac{5}{24}$ $\frac{7}{24}$ $\frac{11}{24}$ $\frac{13}{24}$ $\frac{17}{24}$ & $\frac{23}{24}$ &
auſſi $\frac{1}{48}$ Leſdits $\frac{3}{4}$ font vne demie aulne & vn quart, Les $\frac{3}{8}$ font vn
quart & demi, les $\frac{5}{8}$ font la moitié d'vne aulne & vn huictieme qui
eſt vn demi quart,Les $\frac{7}{8}$ font $\frac{3}{4}$ & demi,Les $\frac{3}{16}$ font $\frac{1}{8}$ & $\frac{1}{16}$ qui eſt
la moitié d'vn huictieme, les $\frac{5}{16}$ font $\frac{1}{4}$ & $\frac{1}{16}$ Les $\frac{7}{16}$ font $\frac{3}{8}$ & $\frac{1}{16}$
Lès $\frac{9}{16}$ font la demie aune & $\frac{1}{16}$ Les $\frac{11}{16}$ font $\frac{5}{8}$ & $\frac{1}{16}$ Les $\frac{13}{16}$ font $\frac{3}{4}$
& $\frac{1}{16}$, qui eſt la moitié d'vn demy quart. $\frac{1}{6}$ eſt la moitié
d'vn tiers, Les $\frac{5}{6}$ font $\frac{2}{3}$ & $\frac{1}{6}$ Vn douzieme eſt la moitié de $\frac{1}{6}$, Les
$\frac{5}{12}$ font $\frac{1}{3}$ & $\frac{1}{12}$ Les $\frac{7}{12}$ font $\frac{1}{2}$ & $\frac{1}{12}$ les $\frac{11}{12}$ font $\frac{2}{3}$ & $\frac{1}{4}$ Vn vingtquatrieme eſt la moitié de $\frac{1}{12}$ Les $\frac{5}{24}$ font $\frac{1}{6}$ & $\frac{1}{24}$ Les $\frac{7}{24}$ font $\frac{1}{4}$ &
$\frac{1}{24}$ Les $\frac{11}{24}$ font $\frac{1}{3}$ & $\frac{1}{8}$ Les $\frac{13}{24}$ font la demie aulne & $\frac{1}{24}$ Les $\frac{17}{24}$ font
$\frac{2}{3}$ & $\frac{1}{24}$ Les $\frac{19}{24}$ font $\frac{3}{4}$ & $\frac{1}{24}$ Les $\frac{23}{24}$ font $\frac{11}{12}$ & $\frac{1}{24}$ Et $\frac{1}{48}$ eſt la moitié de $\frac{1}{24}$ qui eſt pour la fin de la declaration des fractions de ladi-
te aulne.

La premiere reigle du trafiq fufdit eft la reigle de trois qui eft generalement compofee
de trois nombres, le premier de la chofe accheptée : le fecond de la valeur, & le
tiers de ce qu'on veut achepter à l'equipolent de la valeur du premier nom-
bre, & faut noter que pour faire la reigle de trois, le fecond nombre fe
multiplie par le tiers, & le produit de la multiplication fe par-
tit par le premier nombre, comme on verra cy apres par
plufieurs exemples.

PREMIEREMENT prefuppofant qu'vn marchand aye achepté 52
pieces de marchandifes qui luy ont coufté 899 £, & veut fçauoir à côbien luy reuiendra la piece. Suyuant l'ordre de la reigle de
trois faudroit multiplier les 899 £ par le tiers nombre: mais pource
que ledit tiers nombre n'eft qu'vn qui eft vne piece, il n'eft befoin de
multiplier: mais feulemt faut partir les 899 £ par les 52 pieces, qui
eft le partiteur general, & de la partition en viendra liures: & s'il refte
fur icelle, feront liures à partir audit partiteur, lefquelles faudra re-
reduire en ß par ledit moyen, puis partir les ß par ledit partiteur,
& fil refte ß fur ladite partition, les faut reduire en deniers, puis les
partir par ledit partiteur. Et fil refte fur la derniere partition, feront
ß à partir par le partiteur chofe de peu de valeur, que le marchand
n'en doit tenir compte, par ce que lefdits reftans, qui font deniers à
partir par ledit partiteur ne fe peuuent mettre en plus baffe efpece
en France, par ainfi les produits defdites trois partitions feront la valeur en £ ß & ß, pour ladite piece.

Exemple.

Si 52 pieces couftent 899 £ à combien reuiendra la piece.

```
    1

    2

  375
  899 | 17 £ 5 ß 9 ß & 12 ß reftants à partir audit partiteur,
  522 | 15 £       4              chofe de peu de valeur
    5     20 ß      5        40 ß                    1
        ─────────
        300 ß    300|5 ß  40                        32
                   52    40                       480|9 ß
                      ─────────                     52
                        480 ß
```

                                                        Ref-

Responſe,à raiſon que les 52 pieces couſtent 899 £, ladite piece vaudra 17 £ 5 ß 9 ſ & 12 ſ reſtans à partir aux 52 pieces,qui
eſt le partiteur,choſe de peu de valeur : toutesfois pour faire le contraire au iuſte,ie feray mention des 12 ſ reſtans.

Le contraire de la ſuſdite reigle de trois.

SI la piece de marchandiſe couſte 17 £ 5 ß 9 ſ auec les 12
ſ reſtans pour ſçauoir ſi les 52 pieces reuiendront aux 899
£ de la reigle precedente:pour ce faire faut multiplier les 52 pieces
par les 17 £, & pour les 5 ß d'auantage faut prendre le quart des
52 pieces, & pour les 9 ſ faut prendre pour 6 ſ la moitié des 52
pieces, & pour 3 ſ reſtans des 9 faut prendre la moitié du produit
des 6 ſ mettant leur produit, qui ſeront ß à l'endroit des autres
de l'exemple.Et pour faire ledit contraire au iuſte,faut prendre le reſtant qui eſt 12 ſ pour 1 ß,en les mettant auec les autres prouenus
de l'exemple:puis adiouſter le produit dudit exemple, & on trouuera qu'il en viendra iuſtement les 899 £ valeur deſdites 52 pieces.

Exemple.

A 17 £ 5 ß 9 ſ la piece auec les 12 ſ reſtans,
combien 52 pieces.

$$
\begin{array}{ll}
 & 17\ £\ 5\ ß\ 9\ ſ\ \&\ 12\ ſ\ \text{reſtans} \\
\frac{1}{4}\quad\frac{1}{2} & 364\ £ \\
\quad\ \ \frac{1}{2} & 52 \\
 & \quad 13\ £ \\
 & \quad 0\ £\ 26\ ß \\
 & \quad 0\ £\ 13\ ß \\
 & \quad 0\ £\ \ 1\ ß
\end{array}
$$

reſp.　899 £ de l'exemple precedent.

SI vn marchand achepte vne piece de drap contenant 26 aulnes
½ qui luy couſte 197 £ 15 ß: pour ſçauoir côbien luy reuiendra
l'aune, faut premierement reduire en demis les 26 aulnes en multi-

pliant par 2 & à la multiplication y adiouster le demy , puis laisser
ceste multiplication à part pour le partiteur de ladite reigle, pour venir à multiplier par 2 les 197 £ 15 ß, commençant aux 15 ß venant aux liures : puis partir le produit des liures par ledit partiteur
mis à part, & de la partition en viendra liures valeur de ladite aulne:
& s'il reste sur icelle, seront liures à partir audit partiteur, lesquelles
faut reduire en ß en y adioustant les ß qni se trouueront au produit de la multiplication: puis partir lesdits ß par le partiteur, & en
viendra ß, & s'il reste ß sur la partition, les faut reduire en ʒ puis
les partir par ledit partiteur, & de la partition en viendra les ʒ d'a-
uantage aux £ & aux ß pour la valeur de ladite aulne: & s'il reste
ʒ sur la derniere partitiõ, c'est chose de peu de valeur, dõt il ne faut
tenir compte pour la raison dite en la reigle de trois precedente.

Exemple.

Sy 26 aulnes ½ coustent 197 £ 15 ß, à cõbien reuiendra l'auf.

$$\frac{2}{53} \qquad \frac{2}{395 \pounds\ 10\ ß}$$

2

44
395 | 7 £ 9 ß 2 ʒ & 50 ʒ restans qui se pourront prendre
53   pour vn denier

24 £ combien ß   1
24   43   13 ß   50
  10 ß   490 | 9 ß   13   156 | 2 ʒ
490 ß   53   13   53
                                   ───────
                                    156 ʒ

response, ladite aulne reuiendra à 7 £ 9 ß 2 ʒ, suiuant la valeur
des 26 aulnes & ½

Le contraire de ladite regle pour la preuue d'icelle.

SI l'aulne vaut 7 £ 9 ß 2 ſ auec les 5 0 ſ reſtants, pour ſçauoir ſi les 2 6 auľ ½ reuiendrōt aux 1 9 7 £ 1 5 ß de la regle precedente, faut multiplier les 2 6 aulnes par les 7 £, & pour les 9 ß prendre le quart & le quint des 2 6 aulnes, & pour les 2 ſ d'auantage aux 9 ß, faut prendre la ſixiéme des 2 6 auľ, mettant ſon produit qui feront ß auec les autres de l'exemple : Et pour la demie aulne faut prendre la moitié des 7 £ 9 ß 2 ſ & auſſi des 5 0 ſ reſtans qui rendront 2 5 ſ que valent 2 ß 1 ſ les mettant auec les autres produits de l'exemple pour puis adiouſter le tout , & on trouuera que de l'addition en viendra les 1 9 7 £ 1 5 ß, valeur deſdites 2 6 aulnes & ½

Exemple.

¼ ⅕ 2 6 auľ ½ à

7 £ 9 ß 2 ſ l'aulne auec les 5 0 ſ reſtants, combien le tout

1 8 2 £   2 5 ſ qui ſont 2 ß 1 ſ

  6 £ 1 0 ß

  5 £ 4 ß

  0 £ 4 ß 4 ſ

  3 £ 1 4 ß 7 ſ

  0 £ 2 ß 1 ſ

R. 1 9 7 £ 1 5 ß valeur des 2 6 aulnes & ½ de la regle de trois precedente .

SI vne piece de velours ou autre marchandiſe contenant 2 3 aulnes ¾ couſte 1 5 4 £ 9 ß 8 ſ: pour ſçauoir à combien reuiendra l'aulne, faut premieremēt reduire en quarts les 2 3 auľ, en les multipliant par 4 & à la multiplication y adiouſter les ¾ puis laiſſer à part ceſte multiplicatiō pour partiteur de ladite regle de trois pour venir à multiplier par 4 les 1 8 4 £ 9 ß 8 ſ, commençant aux ſ venant aux ß & aux £ en mettant le produit de la multiplication des ſ en ß pour les adiouſter auec la multiplication des ß & ſem-

blablement le produit de la multiplication des ß, les faut reduire
en £, pour les adiouster aussi auec le produit de la multiplication
des £ puis paracheuer l'exemple par le moyen qui a esté dit & pratiqué à la reigle de trois precedente, & qui ne voudroit vser de ceste
pratique brefue de multiplier lesdites £, ß & ſ par le denominateur
de la fraction de son exemple, faudroit reduire lesdites £ en ß &
ſ chose prolixe : par ainsi il est meilleur de proceder comme dit est
cy dessus.

Exemple

Si 23 aulnes ¾ coustent 184 £ 2 ß 8 ſ, combien l'aulne

```
   4                         4
  ‾‾                   ‾‾‾‾‾‾‾‾‾‾‾‾‾‾
  25                   737 £ 18 ß 8 ſ
```

```
    7
  1Ø2
  737 | 7 £ 15 ß 4 ſ  & 24 ſ  restans à partir audit partiteur,
  95                                    chose de peu de valeur
```

```
                    3
  72 £             5              33              2
  72              5Ø3             33              4
    18 ß        1458 | 15 ß       338           4Ø4 | 4 ſ
  ‾‾‾‾‾‾‾‾       ‾‾‾‾             ‾‾‾‾‾‾          ‾‾‾‾‾
  1458 ß         955            404 ſ            95
                   9
```

Response, ladite aulne vaudra 7 £ 15 ß 4 ſ, suiuant la valeur
desdites 23 aulnes ¾.

Le contraire de la regle de trois precedente.

SI l'aulne vaut 7 £ 15 ß 4 ſ auec les 24 ſ restans, pour sçauoir si les 23 aulnes ¾ reuiendront aux 184 £ 2 ß 8 ſ de
la regle precedente : faut multiplier les 23 aulnes par les 7 £, &
pour les 15 ß prendre la moitié & le quart des 23 aulnes, & pour

les

les 4 ß prendre le tiers defdites 23 aulnes, mettant fon produit, qui feront ß auec les autres ß qui feront produits dudit exemple:& pour les $\frac{3}{4}$ d'aulne,faut prédre la moitié des 7 £ 15 ß 4 ß,& encores la moitié de la moitié. Et pour faire ledit contraire au iufte, faut prendre le quart des 24 ß reftans,& feront 6 ß qu'il faut mettre auec les autres produits de l'exemple,puis adioufter le tout,& en viendra les 184 £ 9 ß 8 ß de la regle precedente.

Exemple.

23 auľ $\frac{3}{4}$ à

$\frac{1}{2}$
$\frac{1}{2}$
$\frac{1}{2}$

　　7 £ 15 ß 4 ß & 24 ß reftás dõt i'en pré le quart qui font
　161 £　　　　　　　　6 ß,pour les adioufter à l'exemple.
　11 £ 10 ß
　5 £ 15 ß
　0 £ 7 ß 8ß
　3 £ 17 ß 8ß
　1 £ 18 ß 10 ß
　0 £ 0 ß 6ß

R.　184 £ 9 ß 8 ß de la regle precedente.

Autre exemple de la regle de trois auec entiers & rompus au premier
& dernier nombre.

SI 13 aulnes $\frac{11}{12}$ couftent 98 £ 11 ß 9 ß combien coufteront 59 aulnes $\frac{15}{16}$ Faut premierement reduire en douziemes les 13 aulnes en les multipliant par 12 & à la multiplication y adioufter 11 puis faut reduire lefdits douziemes en feziemes,en les multipliant par 16 & laiffer cefte multiplication à part pour le partiteur de la regle de trois,pour venir à reduire en feziemes les 59 aulnes, en les multipliant par 16 & à la multiplication y adioufter les 15 puis reduire lefdits feziemes en douziemes ,en multipliant par 12 Ce faifant le premier & dernier nombre de ladite regle feront chofes femblables,comme la regle de trois le requiert, puis mettre en ß les 28 £ 11 ß 9 ß de l'exemple,& paracheuer la regle fuiuant fon ſtile, & en viendra la valeur deſdites 59 aulnes $\frac{15}{16}$ dont pour euiter prolixité n'a eſté beſoin que i'aye pratiqué cy deſſoubs ladite regle.

A 17 ß 10 ſ l'aune de toile ou autre ſorte de marchandiſe, cóbien 277 aulnes $\frac{3}{4}$ Pour ce faire au plus bref & facile, faut multiplier premierement leſdites aulnes par les 17 ß, & pour les $\frac{3}{4}$ faut prendre la moitié des 17 ß 10 ſ & la moitié de ladite moitié, & pour les 10 ſ faut prendre la moitié & le tiers deſdites aulnes, puis adiouſter tous ces produits enſemble & en viendra ß qu'il faut reduire en £.

Exemple.

$\frac{1}{2}$ $\frac{1}{3}$	2 7 7 auſ $\frac{3}{4}$ à		
	1 7 ß 1 0 ſ l'aulne		
	1 9 3 9 ß		
	2 7 7		
	1 3 8 ß 6 ſ		
	9 2 ß 4 ſ		
	8 ß 11 ſ		
	4 ß 5 ſ $\frac{1}{2}$		
	4 9 5 3 ß 2 ſ $\frac{1}{2}$ ʦ		
	2 4 7 £ 13 ß 2 ſ $\frac{1}{2}$		

Reſponſe audit prix de 17 ß 10 ſ l'aulne, les 278 aulnes $\frac{3}{4}$ vaudront 247 £ 13 ß 2 ſ & $\frac{1}{2}$

Aduertiſſement ſur l'exemple ſuſdit.

POVR ne me rendre tant prolixe n'eſt beſoin que ie propoſe autres exemples de ſemblable ſubiet, pource que par le moyé d'iceluy on ſe pourra ſeruir à toutes autres de plus gráde ou moindre valeur, en obſeruant pour les deniers qui ſeront d'auantage aux ß les parties correſpondantes à 1 ß, que pluſieurs appelent parties aliquotes.

A 7 £ 17 ß 4 ſ l'aulne, pour ſçauoir cõbien 123 aulnes $\frac{7}{8}$ faut

faut multiplier lefdites aulnes par 7 £,& pour les 17 ß 4 ⅋ fe faut
feruir des parties de la £ de 20 ß touchant aux ß, & des parties
d'vn ß pour les 4 ⅋ du moyen dit cy deuant aufdites parties : Et
pour les $\frac{7}{8}$ faut prendre trois fois la moitié l'vne de l'autre, affauoir
de 7 £ 17 ß 4 ⅋ valeur de ladite aulne, puis faut adioufter tous
les produits enfemble,& en viendra la valeur des 123 aulnes $\frac{7}{8}$

Exemple.

$\frac{1}{2}$ $\frac{1}{4}$ $\frac{1}{10}$ 123 aul $\frac{7}{8}$ à

         7 £ 17 ß 4 ⅋ il l'auf.

    861 £

     61 £ 10 ß

     30 £ 15 ß

     12 £ 6 ß

      0 £ 41 ß

      3 £ 18 ß 8 ⅋

      1 £ 19 ß 4 ⅋

      0 £ 19 ß 8 ⅋

Refp.   974 £ 9 ß 8 ⅋

Aduertiffement aux lecteurs.

POVR euiter prolixité n'eft befoin que ie figure autres exemples touchant le prix de l'aune, par £, ß & ⅋, pour trouuer
la valeur de plufieurs aulnes auec fes parties rompues à chacun exemple : car faut entendre & tenir pour vne regle generale,
qu'il faut toufiours multiplier les aulnes par les £ valeur de ladite
aulne,& pour les ß & ⅋ qui f'y trouueront dauantage, il fe faut fer
uir des parties de la £ de 20 ß & des parties d'vn ß de 12 ⅋ cy
deuant mifes, felon que l'exemple en fera propofé. Et touchant aux
parties rompues de ladite aulne qui fe pourront trouuer aux exem-
ples, comme de $\frac{3}{8}$ $\frac{5}{8}$ $\frac{1}{16}$ $\frac{3}{16}$ $\frac{5}{6}$ $\frac{1}{12}$ $\frac{5}{12}$ $\frac{1}{24}$ & $\frac{1}{48}$ c&.   Pour
les $\frac{3}{8}$ faudroit prendre le quart & la moitié du quart du prix de l'aul
ne:pour les $\frac{5}{8}$ faudroit prendre la moitié & le quart de la moitié du

prix de ladite aulne: pour $\frac{1}{16}$ faudroit prendre le quart du quart, en rayant le produit du premier quart. Pour les $\frac{3}{16}$ faudroit prendre le huictieme, & la moitié du huictieme du prix de ladite aulne. Et touchant aux autres parties des seiziemes qui ne sont figurez cy dessus, il se faut seruir du moyen qu'on trouuera aux parties de la £ de 16 ☞ mises cy apres aux trafiques des espiciers & droguistes. Pour les $\frac{5}{6}$ faut prendre la moitié & le tiers de la valeur de ladite aulne. Pour $\frac{1}{12}$ faut prendre le tiers & le quart du tiers, & le produit du quart rendra la valeur dudit $\frac{1}{12}$ pour $\frac{5}{12}$ & pour les autres douziémes qui sont contenus en ladite aulne n'estans figurez cy dessus, il se faut seruir du moyen qui a esté dit aux parties d'vn ß de 12 ℔. Et pour $\frac{1}{24}$ & $\frac{1}{48}$ Pour ledit $\frac{1}{24}$ d'aulne faudroit prendre la sixieme & le quart du sixieme, & ledit quart seroit la valeur dudit vingtquatrieme: Et pour les autres vingtquatriemes qui ne sont figurez cy dessus, il se faut seruir du moyen des parties d'vne ☞ de 24 ℔ mise cy apres aux trafiques des marchands de soye: & pour ledit $\frac{1}{48}$ faudroit prendre la huictieme de la valeur de ladite aulne, & la sixieme du produit du huictieme, & ledit sixieme rendra la valeur dudit quarantehuictiéme: & cela faut noter pour vne reigle generale.

Par le prix de l'aulne trouuer la valeur d'vn quarantehuitieme.

A 19 £ 16 ß 6 ℔ l'aulne pour sçauoir combien $\frac{1}{48}$ faut prendre $\frac{1}{8}$ du prix de ladite aulne & la sixieme du huictieme rendra la valeur dudit quarantehuictieme.

Exemple.

A 19 £ 16 ß 6 ℔ l'aulne, combien $\frac{1}{48}$

$\frac{1}{8}$ 2 £   9 ß 6 ℔ $\frac{3}{4}$

$\frac{1}{6}$ 0 —— 8 ß 3 ℔ $\frac{1}{8}$

Response audit prix de l'aulne ledit $\frac{1}{48}$ vaudra 8 ß 3 ℔ & $\frac{1}{8}$ de ℔.

Table

Table des parties de la £ de 20 ß correspondantes aux parties rompues
de l'aulne de France, seruant à faire bordereaux d'aulnages, qui est
d'adiouster ensemble les parties rompues de l'aulne.

Partie		£	ß	d
$\frac{1}{2}$	de £ vaut	10 ß		
$\frac{1}{4}$	vaut —	5 ß		
$\frac{3}{4}$	valent —	15 ß		
$\frac{1}{3}$	vaut —	6 ß	8 d	
$\frac{2}{3}$	valent —	13 ß	4 d	
$\frac{1}{6}$	vaut —	3 ß	4 d	
$\frac{5}{6}$	valent —	16 ß	8 d	
$\frac{1}{8}$	vaut —	2 ß	6 d	
$\frac{3}{8}$	valent —	7 ß	6 d	
$\frac{5}{8}$	valent —	12 ß	6 d	
$\frac{7}{8}$	valent —	17 ß	6 d	
$\frac{1}{12}$	vaut —	1 ß	8 d	
$\frac{5}{12}$	valent —	8 ß	4 d	
$\frac{7}{12}$	valent —	11 ß	8 d	
$\frac{11}{12}$	valent —	18 ß	4 d	
$\frac{1}{16}$	vaut —	1 ß	3 d	
$\frac{3}{16}$	valent —	3 ß	9 d	
$\frac{5}{16}$	valent —	6 ß	3 d	
$\frac{7}{16}$	valent —	8 ß	9 d	
$\frac{9}{16}$	valent —	11 ß	3 d	
$\frac{11}{16}$	valent —	13 ß	9 d	
$\frac{13}{16}$	valent —	16 ß	3 d	
$\frac{15}{16}$	valent —	18 ß	9 d	
$\frac{1}{24}$	vaut —	0 ß	10 d	
$\frac{5}{24}$	valent —	4 ß	2 d	
$\frac{7}{24}$	valent —	5 ß	10 d	
$\frac{11}{24}$	valent —	9 ß	2 d	
$\frac{13}{24}$	valent —	10 ß	10 d	
$\frac{17}{24}$	valent —	14 ß	2 d	
$\frac{19}{24}$	valent —	15 ß	10 d	
$\frac{23}{24}$	valent —	19 ß	2 d	
$\frac{1}{48}$	vaut —	0 ß	5 d	
$\frac{5}{48}$	valent —	2 ß	1 d	
$\frac{7}{48}$	valent —	2 ß	11 d	
$\frac{11}{48}$	valent —	4 ß	7 d	
$\frac{13}{48}$	valent —	5 ß	5 d	
$\frac{17}{48}$	valent —	7 ß	1 d	
$\frac{19}{48}$	valent —	7 ß	11 d	
$\frac{23}{48}$	valent —	9 ß	7 d	
$\frac{25}{48}$	valent —	10 ß	5 d	
$\frac{29}{48}$	valent —	12 ß	1 d	
$\frac{31}{48}$	valent —	12 ß	11 d	
$\frac{35}{48}$	valent —	14 ß	7 d	
$\frac{37}{48}$	valent —	15 ß	5 d	
$\frac{41}{48}$	valent —	17 ß	1 d	
$\frac{43}{48}$	valent —	17 ß	11 d	
$\frac{47}{48}$	valent —	19 ß	7 d	
$\frac{1}{32}$	vaut —	0 ß	7 d $\frac{1}{2}$	

Bordereau d'aulnages qui est d'adiouster ensemble plusieurs
parties rompues de ladite aulne.

PRESVPPOSANT qu'vn marchãd aye aulné plusieurs pieces de velours ou autre marchãdise de l'aulnage qui s'ensuit, assauoir 20 aulnes ½ 17 aulnes ⅔ 15 aulnes ⅜ 19 auſt ⅙ 14 aulnes ¼

M

18 aulnes $\frac{1}{12}$ 17 aulnes $\frac{1}{16}$ 22 aulnes $\frac{5}{6}$ 20 aulnes $\frac{3}{4}$
17 aulnes $\frac{1}{24}$ & 19 aulnes $\frac{2}{8}$. Pour ſçauoir combien d'aulnes contiennent leſdites pieces, faut proceder comme s'enſuit, ſçauoir eſt de tenir leſdites parties rõpues de ladite aulne pour les parties de la ℔ de 20 ß. Côme pour la premiere partie rõpue qui eſt vne demie aũ. faut figurer à l'encontre 10 ß: Pour $\frac{2}{3}$ faut figurer à l'encôtre 13 ß 4 ₰: Pour $\frac{3}{8}$ faut figurer 7 ß 6 ₰: Pour $\frac{1}{6}$ faut figurer 3 ß 4 ₰: ainſi des autres parties dudit bordereau, au correſpondant des ſuſdites parties: puis faut adiouſter enſemble les ß & ₰ qui ſe trouueront audit exemple du bordereau, & on trouuera qu'il en viendra 92 ß 1 ₰ qui ſont 4 ℔ 12 ß 1 ₰, dont faut noter de tenir les 4 ℔ pour 4 aulnes pour les adiouſter auec les autres aulnes dudit bordereau: & pour les 12 ß 1 ₰ faut regarder quelle partie ſera de la ℔, & la meſme partie la faudra tenir pour la partie de l'aune: & on trouuera par la table figuree cy deuãt que leſdits 12 ß 1 ₰ font $\frac{20}{48}$ partie d'vne aulne, laquelle partie ne ſe trouuera point à ladite aulne, mais faut aduiſer par iugement que ſi audit exemple fuſt aduenu 12 ß 6 ₰ au lieu de 12 ß 1 ₰, que pour les 12 ß 6 ₰ qu'on cognoiſt apertement eſtre $\frac{5}{8}$ de ℔, on les euſt tenu pour les $\frac{5}{8}$ d'vne aulne: mais pource qu'il s'en faut 5 ₰ des 12 ß 6 ₰, leſquels 5 ₰ font $\frac{1}{48}$ de ℔, faudra donques poſer pour les 12 ß 1 ₰ aſſauoir $\frac{5}{8}$ moins $\frac{1}{48}$ d'aulne.   *Exemple.*

4 aũ		
20 aũ $\frac{1}{2}$	10 ß	0 ₰
17 aũ $\frac{2}{3}$	13 ß	4 ₰
15 aũ $\frac{3}{8}$	7 ß	6 ₰
19 aũ $\frac{1}{6}$	3 ß	4 ₰
14 aũ $\frac{1}{4}$	5 ß	0 ₰
18 aũ $\frac{1}{12}$	1 ß	8 ₰
17 aũ $\frac{1}{16}$	1 ß	3 ₰
22 aũ $\frac{5}{6}$	16 ß	8 ₰
20 aũ $\frac{3}{4}$	15 ß	0 ₰
17 aũ $\frac{1}{24}$	0 ß	10 ₰
19 aũ $\frac{7}{8}$	17 ß	6 ₰
202 aũ $\frac{5}{8}$ moins $\frac{1}{48}$	92 ß	1 ₰ qui ſont 4 ℔ 12 ß 1 ₰

Reſponſe.L’exemple du Bordereau ſuſdit contient 2 0 2 aulnes ⅝
moins $\frac{1}{48}$ & faut noter ceſte pratique de Bordereau pour s’en ſeruir
à tous autres de ſemblable ſubiet.

Aduertiſſement ſur le Bordereau.

F Aut entendre qu’il y a bien vne autre pratique de faire bordereau d’aulnage que la ſuſdite,qui prend ſon ſubiet ſur les parties
de la £ de 2 0 ß,laquelle autre pratique de faire bordereau prend
ſon ſubiet ſur les parties de 2 4 ß, laquelle n’eſt pas plus breue que
la ſuſdite:par ainſi n’eſt de beſoin que i’en baille aucun exéple pour
euiter l’ennuyeuſe prolixité.

Enſuit quelques exemples pour les draps ras de ſoye,comme taffetas de Tours, Satins
de Lucques,& autres ſortes de marchandiſes qui s’acheptent par poids,
& ſe vendent en boutiques par aulnes.

P Resvpposant qu’vn marchand aye achepté vne piece de
taffetas de Tours contenant 3 5 aulnes ½ laquelle auroit pe-
ſé 1 5 ℔ 9 ℥ poids de marc de 1 6 ℥, & couſté à raiſon de 1 7 £
1 0 ß la ℔,& veut ſçauoir à combien luy reuiendra ladite piece, &
auſſi l’aulne . Pour ce faire faut multiplier les 1 5 ℔ par les 1 7 £, &
pour les 1 0 ß prédre la moitié deſdites 1 5 ℔,& pour les 9 ℥ pré-
dra la moitié & la huictieme de la moitié deſdites 1 7 £ 1 0 ß,
puis adiouſter tous ces produits enſemble, & on trouuera qu’il en
viendra 2 7 2 £ 6 ß 1 0 ♊ ½ duquel demi denier on ne tient compte. Or pour ſçauoir à combien reuiendra l’aulne, faut dire par regle de trois:Sy 3 5 aulnes ½ couſtent les 2 7 2 £ 6 ß 1 0 ♊,combien
l’aulne:en faiſant ceſte regle ſuiuant le ſtile de la regle de trois,com-
me a eſté dit cy deuant,on trouuera que ladite aulne viendra à 7 £
1 3 ß 5 ♊,ſuiuant ledit prix de ladite piece.

Autre exemple dependant du ſuſdit pour les Satins de Lucques ,qui ſe meſurent à
braſſes, à raiſon de deux braſſes pour vne aulne de Lyon, & ſe ven-
dent au poids dudit Lucques de 1 2 ℥ pour ℔.

V Ne piece de ſatin de Lucques tenãt 6 0 braſſes ½ peſant 1 0 ℔
9 ℥ & couſte à raiſon de 1 3 £ 1 5 ß 6 ♊ la ℔. Pour ſçauoir

L 2

audit prix à combien reuiendra la piece, & auſſi l'aulne. Premierement faut multiplier les 10 ℔ par les 13 ℔, & pour les 15 ß 6 ₰ il
ſe faut ſeruir des parties de la ℔ de 20 ß, & d'vn ß de 12 ₰, & pour
les 9 ☉ il ſe faut auſſi ſeruir deſdites parties d'vn ß de 12 ₰, pource que la ℔ de Lucques eſt de 12 ☉, comme le ß eſt de 12 ₰, & en
ce faiſant on trouuera premierement que ladite piece de ſatin vaudra 148 ℔ 1 ß 7 ₰ ½ Or pour ſçauoir à combien reuiendra l'aulne, faut premieremēt reduire les 60 braſſes & ½ en aulnes, en prenát
la moitié, & rendront 30 aulnes ¼ Puis faut dire par regle de trois
ſi 30 aulnes ¼ couſtent 148 ℔ 1 ß 7 ₰, combien l'aulne, en pratiquant ladite regle ſuiuant ſon ſtile, & on trouuera que ladite aulne
vaudra 4 ℔ 17 ß 10 ₰.

Enſuit les reduƈtions d'aulnages de pluſieurs endroits.

DE la reduƈtion des aulnes d'Anuers en aulnes de Lyon ou Paris, & autres endroits de la France, dont faut noter que les marchands d'Anuers font valoir ladite aulne, à ſçauoir premierement
5 aulnes d'Anuers pour 3 aulnes de Lyon ou Paris, qui eſt à raiſon de
20 aulnes d'Anuers pour 12 aulnes de Lyō: Auſſi font valoir 7 aulnes d'Anuers pour 4 aulnes de Paris, qui eſt à raiſon de 21 aulne
d'Anuers pour 12 de Lyon: auſſi ne font valoir les 20 aulnes ½
d'Anuers que 12 de Paris, qui eſt l'aulnage qu'ils trouuent le plus
iuſte: auſſi pluſieurs ne font valoir l'aulne d'Anuers que $\frac{7}{12}$ de l'aulne de Lyon, ſelon la ſorte de marchandiſe qui ſe vend audit aulnage.
Et pour contenter vn chacun, ie mettray cy apres vn exemple de
chacune deſdites reduƈtions.

*Et premierement pour reduire les aulnes d'Anuers en aulnes de Lyon, à la premiere
raiſon dite de 5 aulnes d'Anuers pour 3 aulnes de Paris ou Lyon, qui eſt
à raiſon de 20 aulnes d'Anuers pour 12 de Lyon.*

POVR reduire 59 aulnes ¾ d'Anuers en aulnes de Paris ou de
Lyon, pour ce faire au plus facile & bref, faut tenir premierement les 59 aulnes ¾ pour 59 ℔ 15 ß, puis en prendre la moitié, &
le

le quint de la moitié, & adiouſter les deux produits enſemble, & en viendra 35 £ 17 ß, leſquelles 35 £ faut tenir pour 35 aulnes de Lyon:& pour les 17 ß, regardant par iugement quelle partie eſt de la £ de 20 ß, & on trouuera que 16 ß 8 ꝗ ſont ⅚ de liure, qu'il faut tenir pour ⅚ d'aulne. Toutesfois de 16 ß 8 ꝗ à aller aux 17 ß il ſ'en faut 4 ꝗ. Que ſi ſ'eſtoit 5 ꝗ ce ſeroit iuſtement $\frac{1}{48}$ de liure qu'il faudroit tenir pour $\frac{1}{48}$ d'aulne. Par ainſi on peut faire reſponſe que les 59 aulnes ¾ d'Anuers ne font que 35 aulnes $\frac{6}{5}$ & enuiron $\frac{1}{48}$ de l'aulnage de Paris. Et au contraire pour reduire les aulnes de Lyon en aulnes d'Anuers, faut figurer pour les 35 aulnes ⅚ les 35 £ 17 ß produits de l'exemple:Puis en prendre les ⅔ & ad-iouſter le tout, & en viendra 59 £ 15 ß, qu'il faut tenir pour les 59 aulnes ¾ d'Anuers.

Exemple.

59 aulnes ¾ ainſi ½   59 £ 15 ß
⅕   29 £ 17 ß 6 ꝗ
     5——19——6

reſponſe 35 £ 17 ß qui ſont 35 aul̄ ⅚ & enuiron $\frac{1}{48}$ d'aulne de Lyon.

Exemple du contraire, qui eſt de reduire les aulnes de Paris, ou Lyon en aul-nes d'Anuers.

35 aul̄ ⅚ & enuiron $\frac{1}{48}$ ainſi ⅔   35 £ 17 ß
     11——19——
     11——19——

reſponſe 59 £ 15 ß qui ſont 59 aulnes ¾ d'Anuers

Par le prix de l'aulne d'Anuers par ꝗ de gros,trouuer la valeur de l'aulne de Lyon ou Paris en ß ꝼ₃, à la raiſon dite de 5 aulnes d'Anuers pour 3 aulnes de Lyon ou Paris, & de 5 ꝗ de gros pour 3 ß ꝼ₃

PRESVPPOSANT qu'vne aulne d'Anuers ait couſté 39 ꝗ de gros & demi,pour ſçauoir combien de ß ꝼ₃ l'aune de Lyon

M 3

ou Paris, faut tenir pour vne regle generale que autant de ₰ de gros
que couſtera ladite aulne d'Anuers, autant de ß ₰ vaudra l'aulne de Lyõ ou Paris. Par ainſi à la raiſon dite de 39 ₰ de gros & ½ ladite aulne d'Anuers, celle de Lyon vaudra 39 ß & demi, qui ſont
6 ₰ ₰ pour le demy ß, & cela faut noter.

*De la reduction des aulnes d'Anuers en aulnes de Lyon ou Paris, à la raiſon dite de 7
aulnes d'Anuers pour 4 aulnes de Lyon ou Paris, qui eſt 21 aulnes d'Anuers
pour 12 aulnes de Lyon comme dit eſt.*

POVR reduire 175 aulne $\frac{7}{8}$ d'Anuers en auſ. de Lyon faut figurer 175 ℔ 17 ß 6 ₰, puis prendre la moitié, & la ſeptieme
de la moitié & adiouſter les deux produits enſemble, & en viendra
100 ℔ 10 ß, qu'il faut tenir pour 100 aulnes ½ de Paris. Et pour fai
re le contraire qui eſt de reduire les 100 aulnes ½ de Paris en aulnes
d'Anuers, faut figurer premierement 100 ℔ 10 ß, puis en prendre
la moitié & la moitié de ladite moitié, & adiouſter le tout enſemble,
& en viendra 175 ℔ 17 ß 6 ₰, qu'il faut tenir pour les 175 aulnes $\frac{7}{8}$
d'Anuers de la regle ſuſdite.

Exemple.

175 auſ $\frac{7}{8}$ ainſi $\frac{1}{2}$ 175 ℔ 17 ß 6 ₰
           $\frac{1}{7}$ 87 ℔ 18 ß 9 ₰
               12 ℔ 11 ß 3
reſponſe 100 ℔ 10 ß 0 ₰ qui ſont 100 auſ ½ Lyõ

Exemple du contraire, qui eſt de reduire les aulnes de Lyon en aulnes d'Anuers.

100 auſ ½ ainſi $\frac{1}{2}$ 100 ℔ 10 ß
            $\frac{1}{2}$ 50 ℔ 5 ℔
              25 ℔ 2 ß 6 ₰
reſponſe 175 ℔ 17 ß 9 ₰ qui ſont les 175 aulnes $\frac{7}{8}$
                              d'Anuers

Au

*Pour trouuer par le prix de l'aulne d'Anuers par ʃ de gros la valeur de l'aulne de
Lyon ou Paris en ß ʄʒ à la raiʃon dite de 2 1 auʟ. d'Anuers pour
1 2 aulnes de Paris ou Lyon, & de 5 ʃ de gros
pour 3 ß ʄʒ, comme dit eʃt.*

A 57 ʃ de gros ½ l'aulne d'Anuers, pour ʃçauoir combien de ß ʄʒ
l'aulne de Lyon, faut tenir premierement les 57 ʃ de gros & demi
pour 57 ß 6 ʃ ʄʒ, puis adiouʃter à raiʃon de 5 pour 1 0 0 à ladite
ʃomme au plus bref, prenant le dixieme des 57 ß 6 ʃ, puis la moitié du dixieme, en rayant le produit dudit dixieme pour adiouʃter
ladite moitié auec les 57 ß 6 ʃ, & en viendra 6 0 ß 4 ʃ ½ ʄʒ pour
la valeur de l'aulne de Paris.

$$\frac{1}{10} \quad 57\ \text{ß}\quad 6\ \text{ʃ}$$
$$\frac{1}{2} \quad\ 5\ \text{ß}\quad 9\ \text{ʃ}$$
$$\quad\ 2\ \text{ß}\ 10\ \text{ʃ}\ \tfrac{1}{2}$$

R.   6 0 ß 4 ʃ ½ pour la valeur de l'aune de Lyon ou Paris.

*De la reduction des aulnes d'Anuers en aulnes de Paris ou Lyon à la raiʃon dite de
2 0 aulnes ½ dudit Anuers pour 1 2 aulnes de Lyon: qui eʃt la reduction plus
iuʃte, ainʃi que pluʃieurs marchands tiennent.*

POVR reduire 1 2 9 aulnes ⅝ d'Anuers en aulnes de Lyon ou Paris, pour le plus bref & facile, faut multiplier premierement les
1 2 9 par 2 4. Et pour les ⅝ prendre la moitié & le quart deʃdits 2 4
Puis adiouʃter tous ces produits enʃemble, & partir le produit total
par 4 1 & de la partition en viendra 7 5 qu'il faut tenir pour autant
de £, & ʃur icelle partition reʃtera 3 6 £ qu'il faut reduire en ß,
puis les partir par 4 1 & en viendra 1 7 ß, & reʃtera ʃur la partition
2 3 ß qu'il faut reduire en ʃ, puis les partir par 4 1 & en viendra 6
ʃ. Et touchant aux ʃ reʃtans de ladite derniere partition n'eʃt be-
ʃoin d'en faire mention: car c'eʃt choʃe de peu de valeur. Par ainʃi on
trouuera que le produit deʃdites trois partitions ʃera de 7 5 £ 1 7 ß
6 ʃ qu'il faut tenir pour 7 5 aulnes & ⅞ Lyon ou Paris, pour la valeur des 1 2 9 aulnes ⅝ d'Anuers. Et qui voudroit faire le contraire,

qui est de reduire les aulnes de Lyon en aulnes d'Anuers, à la raison
susdite. Il faudroit faire au contraire de la declaration susdite, qui
seroit de multiplier les aulnes de Lyõ par 41 & partir le produit par
24 En ce faisant, en acheuant la regle au correspondant de la susdite on trouueroit ce qu'on demande.

*Par le prix de l'aulne d'Anuers par deniers de gros trouuer la valeur de l'aulne de
Lyon ou Paris en ß ₰ à la raison dite de 20 aulnes ½ d'Anuers pour
12 aulnes de Lyon ou Paris, & de 5 deniers de gros
pour 3 ß ₰.*

A 78 ₰ de gros ¾ l'aulne d'Anuers, pour sçauoir combien de ß ₰
vaut l'aulne Paris ou Lyon. Faut premierement figurer 78 ß 9 ₰ ₰
pour les 78 deniers de gros ¾ puis en prendre le dixieme, & le quart
du dixieme pour adiouster le produit dudit quart auec les 78 ß 9
₰, & en viendra 80 ß 8 ₰ ₰ pour la valeur de ladite aulne de Lyon
ou Paris.

Exemple.

$\frac{1}{10}$ 78 ß 9 ₰

$\frac{1}{4}$ 7 ß 10 ₰ ½

1 ß 11 ₰ $\frac{5}{8}$ lesquels $\frac{5}{8}$ de ₰ on peut laisser perdre.

R. 80 ß 8 ₰ ₰ pour la valeur de l'aulne de Lyon ou Paris.

POVR reduire 157 aulnes ¾ d'Anuers en aulnes de
Lyon, il se peut faire par deux moyens, l'vn plus bref que
l'autre. Le premier qui est l'ordinaire, est de multiplier les
157 aulnes par 11 ß 8 ₰ : du produit desquels en viendra
ß. Et pour l'autre moyen, qui est plus bref, faut figurer 157 £ 15 ß
pour les 157 aulnes ¾ puis prendre la moitié & la sixieme de la moitié, & adiouster les deux produits ensemble, & en viendra 92 £ 5 ₰
lesquelles

lefquelles 92 £ faut tenir pour 92 aulnes, & les 5 ß qui eſt $\frac{1}{48}$ de
liure pour $\frac{1}{48}$ d'aulne. Par ainſi les 157 aulnes $\frac{3}{4}$ d'Anuers ne rendront que 92 aulnes $\frac{1}{48}$ de Lyon.

Exemple de la reduction, au plus bref.

157 auľ $\frac{3}{4}$ ainſi $\frac{1}{2}$ 157 £ 15 ß
  $\frac{1}{6}$ 78 £ 17 ß 6 ß
    13 —— 2 —— 11

reſponſe   92 £ 0 ß 5 ß, qui ſont 92 auľ $\frac{1}{48}$ de Lyõ.

*Par le prix de l'aulne d'Anuers par ß de gros, trouuer la valeur de l'aulne de Lyon
en ß ℔, à la raiſon dite d'vne aulne d'Anuers pour $\frac{7}{12}$ de l'aulne de
Lyon, & de 5 ß de gros pour 3 ß ℔*

A 55 ß de gros & $\frac{1}{2}$ l'aulne d'Anuers. Pour ſçauoir cõbien de ß ℔
l'aulne de Lyon, faut premierement figurer 55 ß 6 ß pour les 55 ß
de gros $\frac{1}{2}$ & en prendre la dixieme, & de ſon produit la ſeptieme en
mettant deux fois le produit dudit ſeptieme, puis rayer le produit
dudit dixieme, pour adiouſter le produit des deux ſeptiemes auec les
55 ß 6 ß: & en viendra 57 ß 1 ß & $\frac{1}{35}$ de ß ℔, choſe de peu de
valeur, & autant vaudra ladite aulne de Lyon.

Exemple.

$\frac{1}{10}$ 55 ß 6 ß
 $\frac{1}{7}$ 5 ß 6 ß $\frac{3}{5}$
       0 ß 9 ß $\frac{18}{35}$
       0 ß 9 ß $\frac{18}{35}$

reſponſe 57 ß 1 ß $\frac{1}{35}$ autant vaudra ladite aulne de Lyon ou Paris.

*De la reduction des palmes de Genes en aulnes de Lyon ou Paris, à raiſon que les
24 palmes ne font que 5 aulnes : qui reuient à $\frac{5}{24}$ d'aulnes pour vn pal-
me qui vaut 4 ß 2 ß de la partie de la liure de 20 ß.*

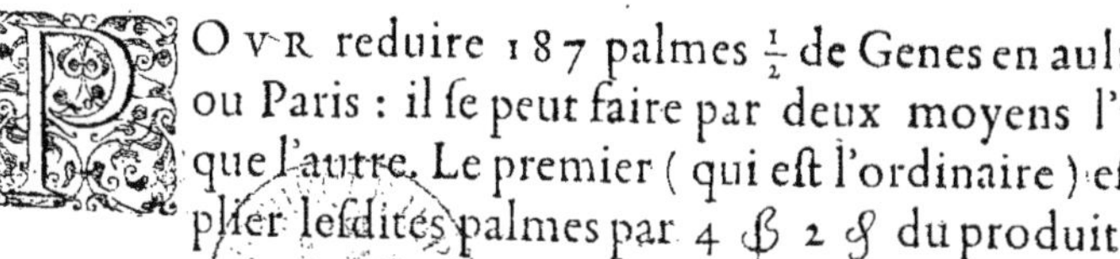

POVR reduire 187 palmes $\frac{1}{2}$ de Genes en aulnes de Lyon
ou Paris : il ſe peut faire par deux moyens l'vn plus bref
que l'autre. Le premier (qui eſt l'ordinaire) eſt de multiplier leſdites palmes par 4 ß 2 ß du produit deſquels en

N

viendra ℔ qu'il faut reduire en £, & autant de £ qu'il en viendra les faudra tenir pour autant d'aulnes, & les ℔ qui se trouueront d'auantage aux £ regardant quelle partie feront d'vne £ & la mesme partie faudra tenir pour partie d'aulne. Et pour le second moyen faut tenir les 187 palmes ½ pour 187 £ 10 ℔, puis d'icelle somme en prendre la sixieme & le quart du sixieme, & adiouster les deux produits ensemble, & en viendra 39 £ 1 ℔ 3 ℔ lesquelles 39 £ faut tenir pour 39 aulnes, & pour 1 ℔ 3 ℔, qui est la seizieme d'vne liure, la faut tenir pour $\frac{1}{16}$ d'aulne, tellement que les 187 palmes ½ ne feront que 39 aulnes $\frac{1}{16}$ de Lyon. Et suyuant ceste declaration lesdits deux exemples sont pratiquez & figurez cy apres.

Exemple.

187 palmes ½
  4 ℔ 2 ℔
—————
748 ℔
 31 ℔ 2 ℔
  2 ℔ 1 ℔
—————
78·1 ℔ 3 ℔

resp. 39 £ 1 ℔ 3 ℔ qui sont 39 aulnes $\frac{1}{16}$ Lyon ou Paris.

$\frac{1}{6}$ 187 £ 10 ℔
$\frac{1}{4}$ 31 £ 5 ℔
—————
  7 £ 16 ℔ 3 ℔

resp. 39 £ 1 ℔ 3 ℔ qui sont 39 auf $\frac{1}{16}$ dudit Lyon ou Paris.

De la reduction des brasses de Milan en aulnes de Lyon ou Paris.

FAVT noter que audit Milan y a deux sortes de brasses l'vne pour les draps de soye, & l'autre pour les draps de laine & coton: dont pour les draps de soye faut 2 brasses ¼ pour faire vne aulne de Lyon, & pour les draps de laine & coton, ne faut qu'vne brasse ¾ pour ladite aulne.

Et premierement pour reduire les brasses de Milan en aulnes de Lion à la raison dite de 2 brasses ¼ pour aulne, qui est pour les draps de soye.

POVR reduire 53 brasses ¾ en aulnes de Lyon, faut figurer 53 £ 15 ℔ pour les 53 brasses ¾ puis d'icelle somme en prendre le tiers du tiers en adioustant les deux produits ensemble, & en viendra

dra 23 £ 17 ß 9 ♂ $\frac{1}{3}$ lefquelles 23 £ faut tenir pour 23 aulnes:
& pour les 17 ß 9 ♂ $\frac{1}{3}$ les faut tenir pour $\frac{7}{8}$ d'aulne , & quelque
peu d'auantage.

Exemple.

53 braffes $\frac{3}{4}$ côb. aut' ainfi $\frac{1}{3}$ 53 £ 15 ß
$\frac{1}{3}$ 17 £ 18 ß 4 ♂
   5 £ 19 ß 5 ♂ $\frac{1}{3}$

refponfe 23 £ 17 ß 9 ♂ $\frac{1}{3}$ qui font 23 auf $\frac{7}{8}$ Lyõ
bonne mefure

Autre reduction des braffes de Milan en aulnes de Lion ou Paris, pour les
draps de laine & coton, à raifon d'vne braffe $\frac{3}{4}$ pour ladite aulne.

POVR reduire 159 braffes $\frac{1}{2}$ Milan en aulnes de Lyon ou Paris
au plus bref, faut figurer 159 £ 10 ß, puis en prendre la moitié
& la feptieme de la moitié, en adiouftant les deux produits enfemble: & on trouuera qu'il en viendra 91 £ 2 ß 10 ♂ $\frac{2}{7}$ lefquelles £
il faut tenir pour autant d'aulnes. Et touchant aux 2 ß 10 ♂ $\frac{2}{7}$ faut
regarder par iugement qu'elle partie fera d'vne £, & on trouuera
que 2 ß 6 ♂ eft $\frac{1}{8}$ & par ce qu'il y a 4 ♂ & $\frac{2}{7}$ dauantage, & qu'il ne
f'en faut que $\frac{3}{7}$ que ne foyent 5 ♂, qui font $\frac{1}{48}$ de £ : on pourra
mettre pour aller au iufte $\frac{1}{48}$ d'aulne ou énuiron. Par ainfi les 159
braffes $\frac{1}{2}$ ne feront que 91 aulne $\frac{1}{8}$ & enuiron $\frac{1}{48}$ de Lyon ou Paris.

Exemple.

$\frac{1}{2}$ 159 £ 10 ß
$\frac{1}{7}$ 79 £ 15 ß
   11 £ 7 ß 10 ♂ $\frac{2}{7}$

refpon. 91 £ 2 ß 10 ♂ $\frac{2}{7}$ qui font 91 aulnes $\frac{1}{8}$ & enuiron $\frac{1}{48}$ de
Lyon.

N   2

De la reduction des braſſes de Florence en aulnes de Lion ou Paris, à raiſon que les 100 braſſes ne valent que 49 aulnes de Lyon ou Paris.

POVR reduire 137 braſſes ½ en aulnes de Lyon, faut multiplier leſdites braſſes Par 49 & prendre la moitié deſdites 49 aulnes puis adiouſter les deux produits enſemble, & en viendra 6739 £ 10 ß deſquelles liures faut couper les deux figures dernieres qui ſont 37 £, puis les reduire en ß en y adiouſtant les 10 ß de l'exéple, puis en couper les deux figures dernieres qui ſeront 50 ß, leſquels ß reduirez en ç, puis en couperés auſſi les deux figures dernieres, & faut noter que les figures reſtantes qui ſeront 67 £ 7 ß 6 ç les faudra tenir pour 67 auſ ⅜ de l'aunage dudit Lyon.

Exemple.

137 braſſes ~~de~~ ½ Florence
    49 auſ
──────────────
 1233 £
 548
    24 £ 10 ß
──────────────
 67·37 £ 10 ß
     2 0
──────────────
    75 0 ß
      12 ç
──────────────
    600 ç

De la reduction des braſſes de Bologne Modene, & Regio en aulnes de Lyō ou Paris, à raiſon qu'on trouue que les 30 braſſes ne font que 16 aulnes de Lyon ou Paris.

POVR reduire 177 braſſes ½ en aulnes de Lyon au plus facile & bref, faut multiplier leſdites braſſes par 10 ß 8 ç à ſçauoir premierement par leſdits 10 ß, & pour les 8 ç faut prendre les ⅔ deſdites braſſes, & pour la demie braſſe faut prendre la moitié de 10 ß 8 ç, puis adiouſter tous ces produits enſemble, & en viendra 1893 ß 4 ç qu'il faut reduire en liures, & en viēdra 94 £ 13 ß 4 ç
                                          qu'il

qu'il faut tenir pour 94 aulnes ⅔ de Lyon, & autant vaudront lefdites 177 braſſes ½

Exemple.

 ⅔ 177 braſſes ½
    10 ß 8 ð
   ————————
   1770 ß
    59 ß
    59 ß
    5 ß 4 ð
   ————————
  1893 ß 4 ð

reſpon. 94 £ 13 ß 4 ð qu'il faut tenir pour 94 aulnes ⅔ de Lyon

De la reduction des canes de Naples en aulnes de Lyon ou Paris, à raiſon que les
25 canes font iuſtement 45 aulnes, qui eſt à raiſon de 36 ß pour
l'aulne, pour ſubiect de la liure de 20 ß.

POVR reduire 19 canes 5 pans & ½ en aulnes de Lyon, faut
premierement reduire les canes en pans, en les multipliant
par 8 pans valeur de la cane, & adiouſter à la multiplication les 5 pans ½ & feront 157 pans ½ leſquels faut multiplier par
4 ß 6 ð, à ſçauoir les 157 pans par leſdits 4 ß, & pour les 6 ð prendre la moitié des 157 ß, & pour le demy pan prendre la moitié deſdits 4 ß 6 ð, puis adiouſter tous ces produits en ſemble, & en viendra 708 ß 9 ð leſquels ß faut reduire en liures, & en viēdra 35 £
8 ß 9 ð qu'il faut tenir pour 35 aulnes 7/16 pour raiſon des 8 ß 9 ð
qui ſont les 7/16 d'vne liure que ie tiens pour leſdits 7/16 d'vne aulne.

Exemple.

 19 cannes 5 pans ½ Naples, combien d'aulnes de Lyon.
   8
 ————————————
 157 pans ½
   4 ß 6 ð
 ————————————
 628 ß
  78 ß 6 ð
   2 ß 3 ð
 ————————————
 708 ß 9 ð

35 £ 8 ß 9 ð qu'il faut tenir pour 35 aulnes 7/16 Lyon.

N 3

Autrement pour reduire les 157 pans $\frac{1}{2}$ en aulnes de Lyõ au plus
bref, & en moins de figure, ne faut prendre que le quint & la huictieme du quint, & adiouſter les deux produits enſemble, & en viendra
35 £ 8 ß 9 ƒ qu'il faudroit auſſi tenir pour 35 aulne $\frac{7}{16}$ Lyon.
Toutesfois le moyen premier ſuſdit eſt plus facile, combien qu'il y a
plus de figures qui ſera au choix du lecteur.

Exemple.

157 pans $\frac{1}{2}$ ainſi $\frac{1}{5}$ 157 £ 10 ß
 $\frac{1}{8}$ 31 £ 10 ß
 3 £ 18 ß 9 ƒ

R. 35 £ 8 ß 9 ƒ qu'il faut tenir pour 35 auſ
 $\frac{7}{16}$ Lyon

*De la reduction des aulnes de Prouins, Troye & Chaſtillon ſur Seine qui eſt vn meſme aul-
nage, en aulnes de Paris ou Lyon, à raiſon que ſuiuant l'vſage & couſtume, les marchands
font le compte de ladite reduction à vne aulne dudit Prouins pour deux tiers de l'aulne de
Paris ou Lyon laquelle aulne de Paris ou Lyon eſt de bien peu differente l'vne de l'autre.*

POVR reduire 157 aulnes $\frac{1}{4}$ de Prouins en aulnes de Paris ou
Lyon, pour le plus facile & bref, faut premierement figurer
157 £ 15 ß pour les 157 aulnes $\frac{3}{4}$ puis de ladite ſomme en prendre les $\frac{2}{3}$ & les adiouſter, & en viendra 105 £ 3 ß 4 ƒ : leſquelles
£ il faut tenir pour autãt d'aulnes de Lyon : & pour les 3 ß 4 ƒ, qui
eſt $\frac{1}{6}$ de £, les faut tenir pour $\frac{1}{6}$ d'aulne de Lyon. Par ainſi les 157
aulnes $\frac{1}{4}$ de Prouins ne valent que 105 aulnes $\frac{1}{6}$ de l'aulnage dudit Lyon. Et au contraire pour reduire leſdites aulnes Lyon en auſ.
de Prouins faut figurer 105 £ 3 ß 4 ƒ pour les 105 aulnes $\frac{1}{6}$ puis
de ladite ſomme en prendre la moitié & l'y adiouſter : & on trouuera qu'il en viendra 157 £ 15 ß qu'il faut tenir pour les 157 auſ $\frac{3}{4}$
de l'aulnage de Prouins.

Exemple.

157 auſ $\frac{3}{4}$ ainſi $\frac{2}{3}$ 157 £ 15 ß
 52 £ 11 ß 8 ƒ
 52 £ 11 ß 8 ƒ (ou Paris.

Reſponſe 105 £ 3 ß 4 ƒ qui ſont 105 auſ. $\frac{1}{6}$ Lyõ
 *Le*

Le contraire.

105 auſ. ⅙ ainſi ½   105 £ 3 ß 4 ſ
                      52 £ 11 ß 8 ſ
Reſponſe 157 £ 15 ß —— qui ſont 157 auſ. ¾ de Pro-
                                                  uins.

*Par le prix de l'aulne de Prouins par gros, trouuer la valeur de l'aulne de Lion ou
Paris par ß & ſ ℥, à raiſon que ledit gros vaut 20 ſ ℥, & ladite
aulne ⅔ de l'aulne dudit Paris ou Lion comme dit eſt.*

A 29 gros & demy l'aulne de Prouins: pour ſçauoir à combien
de ß ℥ reuient l'aulne de Paris ou Lyon, faut figurer 29 ß
6 ſ pour les 29 gros ½ puis mettre vne autre fois ladite ſomme, &
en prēdre la moitié d'vne des ſommes, & adiouſter le tout, & en viēdra 73 ß 9 ſ pour la valeur de l'aulne de Paris ou Lyon. Et au con
traire pour trouuer la valeur par gros de l'aulne de Prouins, ſuiuant
le prix de l'aulne de Lyon, il ne faut que prendre les deux cinquiemes des 73 ß 9 ſ, & en viendra 29 ß 6 ſ, qu'il faut tenir pour les
29 gros ½ pour ladite valeur de l'aulne de Prouins.

Exemple.

A 29 gros & ½ l'aulne de Prouins, cōbien ß & ſ ℥ l'auſ. de Lyon.
     Ainſi   29 ß 6 ſ
      ½   29 ß 6 ſ
             14 ß 9 ſ
Reſponſe   73 ß 9 ſ l'aulne de Prouins.
            Exemple du contraire.
  ⅖ A 73 ß 9 ſ l'auſ de Paris, cōb. de gros l'auſ de Prouins.
         14 ß 9 ſ
         14 ß 9 ſ
Reſponſe 29 ß 6 ſ qu'il faut tenir pour 29 gros ½ pour ladite
                  aulne de Prouins.

Aduertiſſement de l'erreur qu'on commet ſur la reduction de l'aulnage de Prouins,
Troye & Chaſtillon (qui eſt vne meſme choſe) en l'aulnage
de Paris ou Lyon.

CE que i'ay cy deuant baillé inſtruction de la reductió de l'aulnage de Prouins à celuy de Paris, à raiſon d'vne aulne de Prouins pour deux tiers d'vne aulne de Paris laquelle vaut plus. C'a eſté
pour m'accommoder à l'vſage & couſtume de pluſieurs marchands
qui font ladite reduction. Mais ayant par curioſité voulu ſçauoir au
iuſte la valeur dudit aulnage, i'ay pris leſdites deux auⁿ ſçauoir eſt
l'auⁿ de Prouins & l'auⁿ de Paris leſquelles i'ay meſuré auec vn fil, &
ay trouué q̃ les 7 auⁿ de Paris font iuſtement 10 auⁿ & $\frac{1}{8}$ de l'aulna
ge de Prouins, dont le differét reuiét à raiſon de 2 auⁿ $\frac{7}{16}$ & $\frac{1}{2}$ pour
cét ou enuiron: leſquels deux rópus on peut prendre pour demi auⁿ.
ou enuiron: de ſorte que celuy de Prouins qui fait la reduction à v-
ne aulne de Prouins pour deux tiers de l'aulne de Paris, perd leſdites
2 aulnes & $\frac{1}{2}$ pour 100 Tellement que pour reduire au iuſte les
157 aulnes $\frac{3}{4}$ Prouins de l'exemple precedent en aulnes de Paris,
faut dire par regle de trois. Sy 10 auⁿ & $\frac{1}{8}$ Prouins, valent 7 aulnes
Paris, combien vaudront d'aulnes de Paris les 157 auⁿ. $\frac{3}{4}$ Prouins.
En pratiquant ceſt exemple ſuiuant le ſtile de ladite regle de trois:
on trouuera que premierement de la partition en viendra 109 auⁿ.
& ſur icelle partition reſtera 5 aulnes à partir par ſon partiteur qui
eſt 81 leſquelles 5 aulnes faut reduire en ſeziemes en les multipliant
par 16 & en viédra 80 qu'il faudroit partir par leſdits 81 ce qui ne ſe
peut faire. Toutesfois on pourra mettre $\frac{1}{16}$ d'aulne ou enuiró pour
ledit reſtant de ladite partitió. De ſorte qu'on pourra faire reſponſe
que les 157 auⁿ $\frac{3}{4}$ Prouins vaudront 109 auⁿ & enuiron $\frac{1}{16}$ de
l'aulnage de Paris. Et par l'autre reduction faite cy deuant à vne auⁿ.
de Prouins pour $\frac{2}{3}$ de l'aulne de Paris, ils n'ont rédu que 105 auⁿ. $\frac{1}{6}$
Tellement qu'il eſt apparent qu'il y a perte de 3 auⁿ $\frac{7}{8}$ & enuiró $\frac{1}{48}$
dont ſur vne grande quantité d'aulnes la perte ſeroit plus grande, de
laquelle inſtruction on ſe pourra ſeruir à toutes autres de ſemblable
ſubiet: combien que la quantité des aulnes ſoit de plus grande ou
moindre valeur: & cela faut noter.

Du

Du traffiq des marchandises qui s'achetent & vendent en Auignon, Prouence, Languedoc, & autres endroits. Comme, draps, toiles, ou autre sorte de marchandise qui se mesurent à la cane, laquelle se despart en 8 pans, & le pan en deux demis, trois tiers, & quatre quarts, dont les caracteres de la cane & du pan sont tels, că, pă.

PRESVPPOSANT qu'vn marchand auroit acheté 12 canes 5 pans $\frac{1}{2}$ de quelque marchandise qui luy cousteroit 139 £, & voudroit sçauoir à combien luy reuiendroit la cane, faut premierement figurer la regle de trois en ceste sorte, disant : Sy 12 canes 5 pans $\frac{1}{2}$ coustent 139 £, combien la cane de 8 pans. Faut reduire les 12 canes en pans, les multipliant par 8 & à la multiplicatiõ y adiouster les 5 pans, puis reduire les pans en demis, en y adioustant le demy pan : puis paracheuer l'exemple suiuant le stil de la regle de trois, & on trouuera par la response dudit exemple la valeur de ladite cane.

Exemple.

Sy 12 cã 5 pã $\frac{1}{2}$ coustent 139 £, combien la cã de 8 pã

8 pans	16	2
101 pans	834	16 demy pans
2	139	
203 demy pans	2224 £	

Response, Ladite cane reuiendra à 10 £ 19 ß 1 ♪ & 73 ♪ restans chose de peu de valeur par ce que ledit restát n'excede la moitié dudit partiteur.

O

Le contraire de la regle de trois precedente.

SI la cane reuient à 10 £ 19 ß 1 ʒ, auec les 73 deniers reſtans. Pour ſçauoir ſi les 12 canes 5 pans & demi reuiendront aux 139 £ de la regle precedente, faut multiplier les 12 canes par les 10 £: & pour les 19 ß faut prendre la moitié, le quart & le quint des 12 canes, & pour 1 ʒ prédre la douzieme des 12 canes, & en viendra 1 ß, qu'il faut mettre au deſſoubs des autres ß de l'exemple: & pour les 5 pans & ½ faut prendre pour les 4 pans la moitié des 10 £ 19 ß 1 ʒ: & pour vn pan reſtant des 5 faut prendre le quart de ladite moitié, & pour le demi pan la moitié du quart. Et touchant aux 73 ʒ reſtans pour faire ladite regle iuſte, il les faut partir par 16 qui ſont les demis pans d'vne cane, & mettre ſon produit qui fera deniers & partie de deniers, auec les autres deniers de l'exéple: puis adiouſter tous leſdits produits, & on trouuera que dudit exemple en viendra les 139 £ valeur des 12 canes 5 pans & ½.

Exemple.

```
½ ¼ ⅕   12 canes 5 pans & ½                    3 9
      ½  10 £ 19 ß 1 ʒ reſte, 73 ʒ             7 3 | 4 ʒ & 9/16
      ─────────────────────────               4 6
        120 £
          6 £
          3 £
          2 £  8 ß  0 ʒ
          0 £  1 ß  0 ʒ
    ¼     5 £  9 ß  6 ʒ  ½
    ½     1 £  7 ß  4 ʒ  5/8
          0 £ 13 ß  8 ʒ  5/16
          0 £  0 ß  4 ʒ  9/16
      ─────────────────────────
R.     139 £
```

Pour adiouſter facilement ces quatre fractions de deniers, il faut reduire ledit ½ & ⅝ en ſeziemes pour les adiouſter auec les autres ſeziemes dudit exemple & feront iuſtement 2 entiers, qui ſont 2 ʒ pour les adiouſter auec les autres dudit exemple: & cela faut noter pour autres exemples de ſemblable ſubiet.

Autres exemples pour les marchandiſes qui ſ'achetent par florins, ß, & deniers, le florin de 12 ß, & le ß de 12 ʒ.

A 15 florins 10 ß 6 ʒ la cane: pour ſçauoir combien le pan, il ne faut que prendre la huictieme partie de ladite ſomme, & en viendra

dra

dra vn florin 11 ß 9 ſ ¾ pour la valeur dudit pan.

A 13 florins 9 ß 8 ſ la cane: combien 1 pan & ¾ Faut premieremét prendre la huictieme partie de ladite ſomme, puis la moitié & la moitié de ladite moitié, & adiouſter les trois produits enſemble, & en viédra 3 ﬀ 2 ſ ⅞ de ſ pour la valeur dudit 1 pan & ¾

A 9 florins & ½ la cane. Pour ſçauoir combien 7 canes 5 pans ⅔ Faut multiplier par 9 ﬀ les 7 canes, & pour le demi florin, faut figurer 6 ß, pour prendre la moitié deſdites 7 canes, & pour les 5 pans ⅔ faut prédre la moitié des 9 florins 6 ß, le quart de la moitié, & les ⅔ dudit quart, puis adiouſter tous ces produits enſemble, & en viendra 73 ﬀ 2 ß 9 ſ pour la valeur deſdites 7 canes 5 pans ⅔

Exemple.

	7 canes 5 pans ⅔ à
½	9 ﬀ 6 ß la cane
	6 3 ﬀ
	3 ﬀ 6 ß
¼	4 ﬀ 9 ß
½	1 ﬀ 2 ß 3 ſ
⅔	0 ﬀ 4 ß 9 ſ
	0 ﬀ 4 ß 9 ſ

R. 73 ﬀ 2 ß 9 ſ pour la valeur deſdites 7 cã 5 pãs ⅔

PRESVPPOSANT qu'vn marchand aye achepté 5 pieces de draps contenans ce qui s'enſuit, à ſçauoir 10 canes 4 pans & ½ 8 canes 5 pans ⅓ 12 canes 3 pans & ¼ 9 canes 7 pans ¾ & 12 canes 6 pans ⅔ Pour ſçauoir combien contiennent en tout leſdites 5 pieces: faut premierement tenir les parties rompues d'vn pan pour les parties d'vn ß de 12 ſ, comme, pour ½ pan faut figurer à

l'encontre 6 ſ. Pour ⅓ figurer 4 ſ. Pour ¼ figurer 3 ſ. Pour ¾ figurer 9 ſ, & pour ⅔ faut figurer 8 ſ: puis adiouſter tous les deniers
enſemble: & en viendra 3 0 ſ qui ſont 2 ß 6 ſ: dont faut noter de
tenir les 2 ß pour 2 pans les adiouſtant auec les autres du bordereau: & les 6 ſ d'auantage qui ſont la moitié de 1 ß, les faut tenir
pour la moitié d'vn pan la figurant audit bordereau en adiouſtant
les canes apres les pans : & on trouuera qu'il en viendra 5 4 canes
3 pans & ½ comme ſe verra par l'exemple figuré cy apres.

Exemple.

$$
\begin{array}{r}
\text{2 pans} \\
\text{1 0 canes 4 pans } \tfrac{1}{2} \text{——— 6 } ſ \\
\text{8 canes 5 pans } \tfrac{1}{3} \text{——— 4 } ſ \\
\text{1 2 canes 3 pans } \tfrac{1}{4} \text{——— 3 } ſ \\
\text{9 canes 7 pans } \tfrac{3}{4} \text{——— 9 } ſ \\
\text{1 2 canes 6 pans } \tfrac{2}{3} \text{——— 8 } ſ \\
\hline
\text{R. 5 4 canes 3 pans } \tfrac{1}{2} \text{——— 2 ß 6 } ſ
\end{array}
$$

De la reduction des canes d'Auignon & Montpelier en aulnes de Lion,
à raiſon que les 3 canes font 5 aulnes, qui reuient à
vne aulne & ⅔ pour vne cane.

POVR reduire 59 canes 5 pans & ½ en aulnes de Lyon, faut premierement reduire en pans les 59 canes en les multipliant par
8 pans valeur de la cane, & à la multiplication adiouſter les 5 pans, &
ſeront 4 7 7 pans, apres leſquels faut mettre le demi pan, & ſeront
4 7 7 pans & ½ pour leſquels reduire en aulnes pour le plus bref, faut
figurer pour leſdits 4 7 7 pans & ½ à ſçauoir 4 7 7 £ 1 0 ß, de laquelle ſomme en faut prendre le ſixieſme, & le quart du ſixieſme,
puis adiouſter les deux produits enſemble, & en viendra 9 9 £ 9 ß
7 ſ, leſquelles 9 9 £ faut tenir pour 9 9 aulnes: & pour les 9 ß 7 ſ,
s'il y auoit encores 5 ſ feroyent 1 0 ß, qui feroit la moitié d'vne
£, qu'il faudroit tenir pour la moitié d'vne aulne. Par ainſi faut tenir
leſdits 9 ß 7 ſ pour vne demi aulne, moins $\frac{1}{48}$ Tellement que leſdites

dites 59 canes 5 pans & $\frac{1}{2}$ vaudront 99 aulnes & demi moins $\frac{1}{48}$ de l'aulnage de Lyon.

Exemple.

59 canes 5 pans & $\frac{1}{2}$ combien d'aulnes.

   8 pans
____

477 pans & $\frac{1}{2}$ ainsi $\frac{1}{6}$ 477 £ 10 ß

                 $\frac{1}{4}$ 79 £ 11 ß 8 ﬆ

                     19 £ 17 ß 11 ﬆ
____

           99 £ 9 ß 7 ﬆ qu'il faut tenir pour 99

                    aũl & $\frac{1}{2}$ moins $\frac{1}{48}$ Lyon.

Par le prix de l'aulne de Lyon, trouuer la valeur de la cane d'Auignon ou Montpelier, à la raison dite de 3 canes pour 5 aulnes: auec son contraire, qui est de trouuer la valeur de l'aulne suyuant la valeur de la cane.

A 6 £ 17 ß 9 ﬆ l'aulne : Pour sçauoir combien la cane, faut prendre le tiers de ladite somme mettant son produit deux fois: puis adiouſter le tout, & en viendra 11 £ 9 ß 7 ﬆ pour la valeur de ladite cane: Et au contraire pour sçauoir audit prix de 11 £ 9 ß 7 ﬆ la cane, si l'aulne reuiendra aux 6 £ 17 ß 9 ﬆ, faut prendre la moitié, & le quint de la moitié des 11 £ 9 ß 7 ﬆ, puis adiouſter les deux produits enſemble, & en viendront les 6 ß 17 ß 9 ﬆ.

Exemple.

    A 6 £ 17 ß 9 ﬆ l'aulne combien la cane

$\frac{2}{3}$ 2 £ 5 ß 11 ﬆ

     2 £ 5 ß 11 ﬆ
____

R.   11 £ 9 ß 7 ﬆ valeur de la cane

Exemple du contraire.

$\frac{1}{2}$ A 11 £ 9 ß 7 ₰ la cane, combien l'aulne de Lyon.
$\frac{1}{5}$ 5 £ 14 ß 9 ₰ $\frac{1}{2}$
          1 £ 2 ß 11 ₰ $\frac{1}{2}$

responſe 6 £ 17 ß 9 ₰ valeur de ladite aulne de Lyon

De la reduction des canes Carcaſſonne, Limoux, Tholoſe, en aulne de Lyon auec ſon contraire, à raiſon qu'vne cane vaut vne aulne & demye de Lyon.

POVR reduire 28 canes 6 pans $\frac{2}{3}$ en aulnes de Lyon. Ceſte reduction ſe peut faire par deux moyens l'vn plus bref que l'autre. Le premier par la regle de trois, laquelle ſe formeroit en ceſte ſorte : Si vne cane vaut 1 aulne & $\frac{1}{2}$ combien 28 canes 6 pans $\frac{2}{3}$ en faiſant ceſte regle ſuyuant le ſtil de la regle de trois, laquelle eſt prolixe & longue, il en viendroit 43 aulnes $\frac{1}{4}$ Or pour l'autre moyen plus bref, ne faut que prendre la moitié des 28 canes 6 pans $\frac{2}{3}$ & l'y adiouſter, & en viendra 43 canes 2 pans, qui eſt le quart d'vne cane: leſquelles 43 canes 2 pãs faut tenir pour 43 aulnes $\frac{1}{4}$ de Lyon. Et au contraire pour ſçauoir ſi les 43 aulnes $\frac{1}{4}$ reuiendront aux 28 canes 6 pans $\frac{2}{3}$ pour le plus facile, faut figurer pour les 43 aulnes $\frac{1}{4}$ à ſçauoir 43 £ 5 ß, & d'icelle ſomme en prendre les $\frac{2}{3}$ & en viendra 28 £ 16 ß 8 ₰, leſquelles 28 £ faut tenir pour 28 canes, & touchant aux 16 ß 8 ₰ qui ſont les $\frac{5}{6}$ d'vne £, les faut tenir pour les $\frac{5}{6}$ d'vne cane de 8 pans: pour ſçauoir combien ſont de pans, & parties de pans, faut prendre la moitié & le tiers des 8 pans, valeur de la cane, & les adiouſter, & il en viendra les 6 pãs $\frac{2}{3}$ de la regle ſuſdite: tellement que les 43 aulnes $\frac{1}{4}$ reuiendront aux 28 canes 6 pans $\frac{2}{3}$ de la ſuſdite regle.

Exemple.

$\frac{1}{2}$ 28 canes 6 pans $\frac{2}{3}$
      14 —— 3 —— $\frac{1}{3}$

43 canes 2 pans, qu'il faut tenir pour 43 aulnes $\frac{1}{4}$ de Lyon

Exem-

Exemple du contraire, qui eſt de reduire leſdites aulnes en canes.

43 aulnes ¼ ainſi ⅔   43 £ 5 ß

14 £ 8 ß 4 ſ

14 £ 8 ß 4 ſ

28 £ 16 ß 8 ſ, qui ſont ⅙ de 8 pans

4 pans

2 pans ⅔

6 pans ⅔

Reſponſe, leſdites 43 aulnes ¼ Lyon reuiennent aux 28 canes 6 pãs & ⅔ de Carcaſſonne, Limoux, & Thoulouſe de l'exemple ſuſdit.

Par le prix de l'aune de Lyon trouuer la valeur de la cane Carcaſſonne, Limoux, &
Tholouſe, à la raiſon dite, auec ſon contraire, qui eſt de trouuer la valeur de
l'aulne par le prix de la cane.

A 9 £ 13 ß 4 ſ l'aulne pour ſçauoir combien la cane, faut pren
dre la moitié de ladite ſomme, & l'adiouſter auec icelle, & en viendra 14 £ 10 ß pour la valeur de ladite cane. Et au contraire, pour
ſçauoir audit prix de 14 £ 10 la cane, ſi l'aulne reuiendra aux 9 £
13 ß 4 ſ ſuſdits, faut prendre les ⅔ des 14 £ 10 ß, & les adiouſter, & en viendra iuſtement les 9 £ 13 ß 4 ſ valeur de ladite auſ.

Exemple.

A 9 £ 13 ß 4 ſ l'aulne, combien la cane.

½   4 £ 16 ß 8 ſ

reſp.   14 £ 10 ß ladite cane

Exemple du contraire.

⅔ A 14 £ 10 ß la cane, combien l'aulne

4 £ 16 ß 8 ſ

4 £ 16 ß 8 ſ

reſponſe 9 £ 13 ß 4 ſ ladite aulne

Autre reduction des canes de Carcaſſonne, Limoux & Tholouſe en aulnes de Lyon:
auec ſon contraire, qui eſt de reduire les aulnes de Lyon en canes, à la raiſon de
3 canes 3 pans, pour 5 aulnes de Lyon, Cõme pluſieurs marchands trou-
uent que c'eſt le vray aulnage, au iuſte.

POVR reduire 150 canes 6 pans en aulnes faut figurer 150 £ pour les 150 canes, & pour les 6 pans qui ſont les $\frac{3}{4}$ d'vne cane faut figurer 15 ß pour les $\frac{3}{4}$ d'vne liure: & ſeront en tout 150 £ 15 ß, de laquelle ſomme faut prendre les trois tiers l'vn de l'autre, puis les adiouſter auec la ſomme principale, & en viendra 223 £ 6 ß 8 ß, qu'il faut tenir pour 223 aulnes $\frac{1}{3}$ pour la valeur des 150 canes 6 pans. Et au contraire pour reduire les 223 aulnes $\frac{1}{3}$ en canes, faut premierement figurer 223 £ 6 ß 8 ß, de laquelle ſomme en faut prendre la moitié, & le quart de ladite moitié, & les $\frac{2}{5}$ du produit dudit quart, puis adiouſter les 4 produits enſemble & en viendra 150 £ 15 ß, leſquelles liures faut tenir pour les 150 canes ſuſdites, & pour les 15 ß qui ſont les $\frac{3}{4}$ d'vne liure, les faut tenir pour les $\frac{3}{4}$ d'vne cane, qui ſont 6 pans qu'il faut mettre apres les 150 canes & ſeront en tout 150 canes 6 pans pour la valeur des 223 aulnes $\frac{1}{3}$ ſuſdites.

Exemple.

150 canes 6 pans, combien aulne, ainſi

$\frac{1}{3}$	150	£	15	ß		
$\frac{1}{3}$	50	£	5	ß		
$\frac{1}{3}$	16	£	15	ß		
	5	£	11	ß	8	ß

reſponſe 223 £ 6 ß 8 ß qui ſont 223 aulnes $\frac{1}{3}$ de Lyon

223 aulnes $\frac{1}{3}$ Lyon, combien canes, ainſi

$\frac{1}{2}$	223	£	6	ß	8	ß
$\frac{1}{4}$	111	£	13	ß	4	ß
$\frac{2}{5}$	27	£	18	ß	4	ß
	5	£	11	ß	8	ß
	5	£	11	ß	8	ß

reſponſe 150 £ 15 ß —— qui ſont 150 canes $\frac{3}{4}$ qui valent les 6 pans ſuſdits

Par

Par le prix de l'aune de Lyon, trouuer la valeur de la cane, Carcaſſonne, Limoux & Thoulouſe, auec ſon contraire à la raiſon dite.

A 7 £ 15 ß l'aulne, pour ſçauoir à combien reuiendra la cane, faut prendre les trois tiers de ladite ſomme, l'vn de l'autre, puis les adiouſter auec ladite ſomme, & il en viendra 11 £ 9 ß 7 ſ $\frac{1}{9}$ de denier. Et au contraire, à raiſon de 11 £ 9 ß 7 ſ $\frac{1}{9}$ la cane: pour ſçauoir ſi ladite aulne reuiendra aux 7 £ 15 ß du prix ſuſdit, faut prendre la moitié de ladite ſomme, & le quart de la moitié, & les $\frac{2}{5}$ du produit du quart: puis adiouſter les trois produits auec l'exéple, & en viendra iuſtement les 7 £ 15 ß valeur de ladite aulne.

Exemple.

A 7 £ 15 ß l'aulne, combien la cane, Carcaſſonne, Limoux, & Thoulouſe.

$\frac{1}{3}\|\frac{3}{3}\|\frac{3}{3}$	2	£	11	ß	8	ſ	
	0	£	17	ß	2	ſ	$\frac{2}{3}$
	0	£	5	ß	8	ſ	$\frac{5}{9}$

reſp. 11 £ 9 ß 7 ſ $\frac{1}{9}$ autant vaut ladite cane

Exemple du contraire.

A 11 £ 9 ß 7 ſ $\frac{1}{9}$ ladite cane combien ladite aulne

$\frac{1}{2}\|\frac{1}{4}\|\frac{2}{5}$	5	£	14	ß	9	ſ	$\frac{7}{9}$
	1	£	8	ß	8	ſ	$\frac{4}{9}$
	0	£	5	ß	8	ſ	$\frac{8}{9}$
	0	£	5	ß	8	ſ	

reſponſe 7 ß 15 ß 0 ſ à quoy reuient ladite auf Lyon de l'exemple ſuſdit.

Du trafiq du paſtel qui ſe recueille en l'auragues, pays de Languedoc, lequel s'achepte des payſans par cops, qui eſt de la groſſeur d'vn petit pain.

RESVPPOSANT qu'vn payſant veut vendre 978 cops de paſtel au prix de 3 ſ les 2, pour ſçauoir combien ils valent, faut prendre la huictieme des 978 cops, & en viendra ß qu'il faut reduire en liures.

Exemple.

$\frac{1}{8}$ 9 7 8 cops,à 3 ß les 2 combien valent
  1 2 · 2 ß 3 ß

response 6 £ 2 ß 3 ß, pour la valeur dudit pastel.

A 5 ß les 2 cops: pour sçauoir combien 3 7 7 cops , faut prendre la sixieme & le quart du sixieme, puis adiouster les deux produits
ensemble.

Exemple.

$\frac{1}{6}$ 3 7 7 cops, à 5 ß les 2 cops, combien valent.
$\frac{1}{4}$ 6 2 ß 10 ß
   1 5 ß 8 ß $\frac{1}{2}$
   7 8 ß 6 ß $\frac{1}{2}$

respon. 3 £ 18 ß 6 ß $\frac{1}{2}$

A 6 ß les 2 cops: pour sçauoir combien 5 7 8 cops, faut prendre
le quart dudit pastel, & en viendra ß, qu'il faut reduire en £

Exemple.

$\frac{1}{4}$ 5 7 8 cops, à 6 ß les deux cops, combien valent
  1 4 · 4 ß 6 ß

response 7 £ 4 ß 6 ß pour la valeur dudit pastel.

A 7 ß les 2 cops: pour sçauoir combien 1 9 9 cops, faut prendre
le quart & le sixieme du quart dudit pastel ; puis adiouster les deux
produits ensemble, & en viendra 5 8 ß pour la valeur dudit pastel:
& cela faut noter. Et si ledit pastel estoit à plus haut prix que de 7 ß
les 2 cops, comme à 8 ß, à 9 ß, à 10 & à 11 ß : pour lesdits 8 ß
faudroit prendre le quart & le tiers du quart: pour 9 ß, le quart & la
moitié du quart: pour 10 ß le quart & la sixieme, tout de la mesme
somme: & pour 11 ß, faudroit prendre le tiers & la huictieme de la
mesme somme, & les adiouster , & seroyent ß valeur dudit pastel,
lesquels faudroit reduire en £ si besoin en estoit.

Par

Par le prix de 100 cops de paſtel trouuer la valeur du milier par vne regle ſubtile &
breue qui ſe peut faire ſans mettre la main à la plume.

FAVT noter que autant de ß que couſteront les 100 cops
de paſtel, les faut tenir pour autant de £, & en prendre la
moitié, & on trouuera la valeur du milier. Comme ſi les 100 cops
couſtoyent 25 ß faut figurer 25 £, puis en prendre la moitié, &
en viendra 12 £ 10 ß pour la valeur dudit milier. Et au contraire,
pour ſçauoir ſi à 12 £ 10 le milier les 100 cops reuiendront aux
25 ß ſuſdits, il ſe peut faire par deux moyens: le premier eſt de redui
re les 12 £ 10 ß en ß & en viendra 250 ß, deſquels faut couper la derniere figure, & reſtera 25 ß pour la valeur dudit 100 &
pour l'autre moyen, faut prendre la dixieme des 12 £ 10 ß, & en
viendra 1 £ 5 ß, qui ſont leſdits 25 ß pour la valeur dudit 100,
& ſi ledit 100 couſtoit 33 ß 8 ſ, pour ſçauoir combien ledit milier, faut figurer premierement 33 £ pour les 33 ß, & pour les 8 ſ
qui ſont les $\frac{2}{3}$ d'vn ß faut figurer les $\frac{2}{3}$ d'vne £ qui ſont 13 ß 4 ſ
& ſeront 33 £ 13 ß 14 ſ de laquelle ſomme en faut prendre la
moitié, & en viendra 16 £ 16 ß 8 ſ pour la valeur dudit milier. Et
au côtraire pour ſçauoir audit prix du milier ſi le 100 reuiendra aux
33 ß 8 ſ, pour le plus bref ne faut que prendre la dixieme partie des
16 £ 16 ß 8 ſ, & en viendra 1 £ 13 ß 8 ſ, qui ſont les 33 ß 8 ſ
pour la valeur dudit 100.

Du trafiq pour les marchands qui vendent la ſoye en gros & en detail, paſſemens de
ſoye, d'or & d'argent, & autres ſortes de marchandiſes. Et auant qu'entrer
aux regles dudit trafiq, il eſt requis de bien comprendre premierement
les parties de la ℔ du poix de 15 ℥, & auſsi les parties
d'vne ℥ de 24 ſ.

PREMIEREMENT enſuiuent les parties de la ℔ de 15 ℥
pour vne ℥ faut prendre premierement le quint & le tiers du
quint de la ſomme propoſée, valeur de ℔ de 15 ℥, & ledit tiers rédra la valeur de ladite ℥.

Pour 2 ℥ faut prendre le quint de la valeur de la ℔, & les deux
tiers du produit du quint, en rayant ledit quint pour adiouſter enſemble le produit des deux tiers, comme faut faire des autres exemples qui s'enſuiuent, quand il y aura plus d'vne partie priſe. Pour 3
℥ faut prendre le quint, s'entend de la valeur de ladite ℔

Pour 4 ℥ faut prendre le quint & le tiers du quint : pour 5 ℥
faut prendre le tiers. Pour 6 ℥ les deux quints.

Pour 7 ℥ faut prendre le tiers & les deux quints du produit du
tiers. Pour 8 ℥ faut prendre le tiers & le quint, tout de la meſme
ſomme: Et pour 9 ℥ faut prendre les trois quints, le tout de la meſ
me ſomme.

Pour 10 ℥ faut prendre les deux tiers de la valeur de la liure:
Pour 11 ℥ faut prendre auſſi les deux tiers de la valeur de ladite ℔
& le quint de l'vn des deux tiers: Pour 12 ℥ faut prendre le quint,
mettant ſon produit quatre fois.

Pour 13 ℥ faut prendre les deux tiers & le quint, tout de la valeur de la ℔. Pour 14 ℥ faut prendre les deux tiers & le quint, le
tout de la valeur de la ℔ puis le tiers du produit dudit quint.

Enſuiuent les parties d'vne ℥ de 24 ſ

PRemierement pour vn denier, faut prendre la ſixieme dela valeur de l'once, puis le quart dudit ſixieme, & ce qui viendra du
quart ſera la valeur dudit denier. Pour 2 ſ prendre le tiers, & le
quart du tiers, & ledit quart ſera la valeur du produit deſdits deux
deniers.

Pour 3 ſ faut prendre la huictieme: pour 4 ſ la ſixieme: & pour
5 ſ faut prendre la ſixieme, & le quart de la ſixieme, & adiouſter les
deux produits enſemble comme faudra faire aux autres exemples
qui ſenſuiuent, quand il y aura plus que d'vne partie priſe. Pour 6
ſ faut prendre le quart. Pour 7 ſ la ſixieme & la huictieme, tout
de la

de la valeur de ladite ℥. Pour 8 ß prendre le tiers. Pour 9 ß le
quart & le huictieme de la valeur de l'once. Pour 10 ß faut prendre le quart, & le sixieme, tout de la valeur de ladite once.

Pour 11 ß faut prendre le tiers & le huictieme de la valeur de
l'once. Pour 12 ß faut prendre la moitié. Pour 13 ß la moitié & la
douzieme de la moitié. Pour 14 ß faut prendre la moitié & la sixieme de la moitié. Pour 15 ß faut prendre la moitié & le quart de
la moitié.

Pour 16 ß faut prendre les deux tiers de la valeur de l'once.
Pour 17 ß, faut prendre aussi les deux tiers & la huictieme du dernier tiers.

Pour 18 ß faut prendre la moitié & le quart de la valeur de l'once. Pour 19 ß faut prendre la moitié, & la moitié de la moitié, & la
sixieme de la derniere moitié. Pour 20 ß faut prendre la moitié &
le tiers de la valeur de l'once. Pour 21 ß predre trois moitiez l'v-
ne de l'autre.

Pour 22 ß faut prendre la moitié, & le tiers de la valeur de l'on
ce, & le quart du tiers. Pour 23 ß faut prendre la moitié, le tiers, &
la huictieme, tout de la valeur de l'once, adioustat tous ces produits
ensemble, comme dit est.

PRESVPPOSANT qu'vn marchand ait acheté 59 ℔ 9 ℥ & ½
de soye ou autre marchadise, qui luy couste 879 ₤ 12 ß 8 ß.
Pour sçauoir à combien luy reuiendra la ℔, poids de 15 ℥, il faut
premierement coucher la regle de trois, disant, Sy 59 ℔ 9 ℥ & ½
coustent 879 ₤ 12 ß 8 ß, combien 15 ℥, pratiquant ladite regle
suiuant son stile, comme a esté dit cy deuant, on trouuera que ladite
℔ vaudra 14 ₤ 15 ß, point de deniers : mais restera 300 ß à partir au partiteur, qui est chose de peu de valeur. Or qui voudroit faire

le contraire, & ſçauoir audit prix de 14 £ 15 ß la ♯, ſi les 59 ♯ 9 ℥ & ½ reuiendrõt aux 879 £ 12 ß 8 § ſuſdits: faut premiere-ment multiplier les 59 ♯, par les 14 £, & pour les 15 ß prendre la moitié & le quart deſdites 59 ♯, & pour les 9 ℥ & ½ faut prendre pour leſdites 9 ℥ les ⅗ des 14 £ 15 ß, & pour la demie ℥ faut prendre la ſixieme du produit de l'vn des trois quints. Et pour faire ledit contraire au iuſte, touchant pour les 300 § reſtans de la re-gle ſuſdite, les faut partir par 30 qui ſont les demies ℥ d'vne ♯, & en viendra 10 § qu'il faut adiouſter auec les autres deniers qui ſe trouueront à l'exemple: puis adiouſter tous les produits enſemble, & on trouuera qu'il en viendra iuſtement les 879 £ 12 ß 8 § pour la valeur des 59 ♯ 9 ℥ & ½

Exemple.

<pre>
        59 ♯ 9 ℥ & ½
  ⅗   14 £ 15 ß ——— Reſte 300 §
       236 £

       59
       29 £ 10 ß   300│10 §
       14 £ 15 ß   300
        2 £ 19 ß   3
        2 £ 19 ß
  ⅙   2 £ 19 ß
        0 £ 9 ß 10 §
        0 £ 0 ß 10 §
</pre>

R. 879 £ 12 ß 8 § pour la valeur deſdites 59 ♯ 9 ℥ ½

A 14 £ 15 ß 6 § la ♯, pour ſçauoir combien 28 ♯ 2 ℥ & ½ faut premierement multiplier 28 ♯ par les 14 £, & pour les 15 ß faut prédre la moitié & le quart deſdites 28 ♯, & pour les 6 § faut prendre la moitié des 28 ♯, mettant ſon produit qui ſe-ront ß à l'endroit des autres de l'exemple: pour les 2 ℥ faut prendre le tiers des 14 £ 15 ß 6 §, & du produit dudit tiers en prendre les deux quints, en rayãt le produit dudit tiers: & pour la demie ℥ faut

pren-

prendre la moitié du produit de l'vn des deux quints, puis adiouster tous les produits ensemble, & de l'addition en viendra la valeur desdites 28 ℔ 2 ℥ & $\frac{1}{2}$.

Exemple.

$\frac{1}{2}$ $\frac{1}{4}$ $\frac{1}{10}$ 28 ℔ 2 ℥ $\frac{1}{2}$ à
$\frac{1}{3}$ 14 ₶ 15 ß 6 d la ℔
____
112 ₶
28
14 ₶
7 ₶
0 ₶ 14 ß
$\frac{2}{5}$ 4 ₶ 18 ß 6 d
0 ₶ 19 ß 8 d $\frac{2}{5}$
$\frac{1}{2}$ 0 ₶ 19 ß 8 d $\frac{2}{5}$
0 ₶ 9 ß 10 d $\frac{1}{5}$
____

Resp. 416 ₶ 3 ß 3 d pour la valeur des 28 ℔ 2 ℥ $\frac{1}{2}$

De la reduction du poids de Lyõ au poids de Geneue, pour les soyes crues qui se vendent dans Lyon audit poids de Geneue, à raison de 108 ℔ poids de Lyon de 16 ℥ la ℔ pour 100 ℔ poids de Geneue, la ℔ de 15 ℥, laquelle reductiõ seruira aussi pour les saffrans qui se vendẽt audit Lyon au poids d'Arragon, qui est tout semblable poids, sauf qu'il ne se rabat la ℔ ni ℥, comme à la soye.

RESVPPOSANT qu'vn marchand a achepté vne bale de soye à Lyon, qui a pesé du poids de ville 208 ℔, & la tare 3 ℔ 14 ℥ 3 d, & veut sçauoir combien luy reuiendra du poids de Geneue à la raison dite. Faut premierement soubstraire les 3 ℔ 14 ℥ 3 d des 208 ℔ poids de 16 ℥ pour ℔, du moyé qui a esté dit cy deuãt aux regles de soubstraire, & on trouuera qu'il restera 204 ℔ 1 ℥ 21 d poids de ville, qu'il faut réduire audit poids de Geneue, en multipliãt les 204 ℔ 1 ℥ 21 d poids de ville, assauoir les 204 ℔ par 25 ℔, & pour ladite ℥ 21 d faut prédre pour l'once, le quart des 25 ℔, & de son produit aussi le quart, en rayãt le premier quart, tenãt les restans pour quarts, de ℔ de 15 ℥ & non de 16 comme aucuns qui font la reduction fausse: & pour les 21 d faut prendre pour 12 d la moi-

tié du second quart. Pour 6 ℈ la moitié de la moitié: & pour 3 ℈ reſtans la moitié de la moitié derniere: puis adiouſter tous ces produits
enſemble, tenant la ℔ pour 15 ℥, & l'once pour 24 ℈, & le denier
pour 24 grains, & en viendra de l'addition 5102 ℔ 13 ℥ 22 ℈
16 gr. & ½ dont ie figure 12 primes pour le demi grain, qui eſt pour
faire le calcul iuſte. Puis de ladite ſomme en faut prendre les trois
tiers l'vn de l'autre, & faut noter que chacun tiers reſtant ſur la derniere figure des ℔ vaudra 5 ℥, & chacun tiers reſtant ſur les onces
8 ℈, & chacun tiers reſtant ſur les ℈ vaudra 8 grains, & chacun tiers
reſtant ſur les grains vaudra 8 primes: & du produit du dernier tiers
on trouuera qu'il en viendra 188 ℔ 14 ℥ 23 ℈ 1 grain & ½ poids
de Geneue de 15 ℥: duquel poids la couſtume eſt de rabatre vne ℔,
& toutes les onces, deniers, & grains qui ſe trouueront d'auantage,
tellement que dudit exemple ne reſtera que 187 ℔ qu'on dit à
payement.   *Exemple.*

     208 ℔

      3 ℔ 14 ℥ 3 ℈ de tare pour l'embalage.

reſte 204 ℔ 1 ℥ 21 ℈ poids de ville de 16 ℥, combien
$\frac{1}{4}$ 25 ℔   poids de Geneue de 15 ℥

   1020 ℔

   408

$\frac{1}{4}$ 6 ℔ 3 ℥ 18 ℈
$\frac{1}{4}$ 1 ℔ 8 ℥ 10 ℈ 12 grains
$\frac{1}{2}$ 0 ℔ 11 ℥ 17 ℈ 6 grains
$\frac{1}{2}$ 0 ℔ 5 ℥ 20 ℈ 15 grains
$\frac{1}{2}$ 0 ℔ 2 ℥ 22 ℈ 7 grains 12 primes

$\frac{1}{3}$ 5102 ℔ 13 ℥ 22 ℈ 16 grains 12 primes
$\frac{1}{3}$ 1700 ℔ 14 ℥ 15 ℈ 13 grains 12 primes
$\frac{1}{3}$ 566 ℔ 14 ℥ 21 ℈ 4 grains 12 primes
   188 ℔ 14 ℥ 23 ℈ 1 grain 12 primes, qui eſt ½ grain
    1 ℔ 14 ℥ 23 ℈ 1 grain 12 primes

reſte 187 ℔ poids de Geneue à payement, c'eſt à dire qu'il faut
    payer net au prix que couſtera la ℔ de la ſoye.

             Aduer-

Aduertiſſement ſur la reduction dudit poids, pour l'erreur que font pluſieurs mar-
chands & autres, pour n'eſtre bien entendus en l'Arithmetique, qui eſt
au deſauantage de l'achepteur.

VSQVES icy pluſieurs marchands ont grandement erré ſur le calcul de ladite reductiõ du poids de ville de Lyon de 16 ℥ pour ℔ audit poids de Geneue de 15 ℥ pour ℔, touchant, pour les ſoyes crues qui ſe vendent dans Lyon, c'eſt qu'en faiſant le calcul ils prennent les ℔ reſtantes pour 16 ℥ & non pour 15 ℥, comme le debuoir: & en ce faiſant ladite reduction n'eſt pas iuſte, & y a perte pour l'achepteur, comme ie l'ay monſtré par vne tariffe de ladite reduction que i'ay fait ſortir en lumiere, laquelle monſtre euidemment ledit erreur.

Par le prix de l'once trouuer la valeur de pluſieurs ℥, auec deniers
& grains.

A 65 ß 6 ƒ l'once, pour ſçauoir cõbien 13 ℥ 18 ƒ 18 grains: pour le plus facile faut multiplier les 13 ℥ par les 65 ß, & pour les 6 ƒ apres les ß faut prendre la moitié deſdites ℥ & pour les 18 ƒ, la moitié & la moitié de la moitié des 65 ß 6 ƒ: & pour les 18 grains faut prendre la douzieme, & la moitié du douzieme de la derniere moitié, puis adiouſter tous ces produits enſemble, & en viendra ß & ƒ, leſquels ß faut reduire en £.

Exemple.

```
              1  3  ℥ 18 ƒ 18 grains, à
   1/2        6  5  ß  6 ƒ l'once
             ─────────────
              6  5  ß

    7  8

                 6  ß  6  ƒ
   1/2        3  2  ß  9
   1/12       1  6  ß  4  ƒ  1/2
   1/2           1  ß  4  ƒ  3/8
                 0  ß  8  ƒ  3/16
            ─────────────────────
   1/2     9 0·2  ß  8  ƒ  1/16
```

reſ. 4 5£ 2 ß 8 ƒ 1/16 pour la valeur des 13 ℥ 18 ƒ 18 grains.

Par le prix d'vn marc trouuer la valeur de plusieurs Marcs auec ℥, ß & grains pour vente de passements d'or & d'argent, ledit marc de 8 ℥, l'once de 24 ß, le denier de 24 grains.

A 26 £ le marc, pour sçauoir la valeur de 12 marcs 7 ℥ 18 ß 15 grains, faut premierement multiplier les 12 marcs par les 26 £, pour les 7 ℥ faut prendre pour 4 ℥ la moitié des 26 £, pour 2 ℥ la moitié de la moitié: & pour vne once la moitié de la derniere moitié, pour les 18 ß faut prendre pour 12 ß la moitié du produit de l'once: & pour 6 ß la moitié de la moitié: & pour accommoder les 15 grains, faut faire vn emprunt d'vn denier qui est la sixieme de 6 & prendre la sixieme de la derniere moitié, puis pour lesdits 15 grains faut prendre la moitié dudit sixieme & le quart de la moitié, lequel produit du sixieme faut rayer, puis adiouster tous les autres produits ensemble.

Exemple.

12 marcs 7 ℥ 18 ß 15 grains, à
26 £ le marc
72 £
24

13 £				
6 £	10 ß			
3 £	5 ß			
1 £	12 ß	6 ß		
0 £	16 ß	3 ß		
ø £	2 ß	8 ß	$\frac{1}{2}$	d'emprunt.
0 £	1 ß	4 ß	$\frac{1}{4}$	
0 £	0 ß	4 ß	$\frac{1}{16}$	

½ en marge; 1/2, 1/2, 1/2, 1/2, 1/2, 1/6, 1/2, 1/4 en marge.

R.   33 7 £   5 ß 5 ß $\frac{5}{16}$ pour reduire les £ en ✶V i'en prens $\frac{1}{3}$

R.   112 ✶V 2 5 ß 5 ß ƫ pour la valeur des 12 marcs 7 ℥ 18 ß 15 grains.

Par

Par le prix de la groſſe de douze douZaines trouuer la valeur de pluſieurs groſſes & douZaines, pour eſguillettes & autres ſortes de marchandiſe qui ſe vendent par groſſes.

A 7 £ 13 ß 4 ♂ la groſſe, pour ſçauoir la valeur de 17 groſſes 10 douzaines, faut premierement multiplier les 17 groſſes par les 7 £, & pour les 13 ß 4 ♂ faut prendre les deux tiers des 17 groſſes : & pour les 10 douzaines il ſe faut ſeruir du moyen des parties de 1 ß de 12 ♂, à ſçauoir de prendre la moitié & le tiers des 7 £ 13 ß 4 ♂ : puis adiouſter tous ces produits enſemble, & on touuera qu'il en viendra 136 £ 14 ß 5 ♂ $\frac{1}{3}$ pour la valeur deſdites 17 groſſes 10 douzaines.

A 6 £ 15 ß 6 ♂ la groſſe, pour ſçauoir à combien reuient la douzaine, il ſe peut faire par deux moyens : le premier eſt l'vſage, qui eſt de prendre deux carolus pour £, pour ſçauoir la valeur de la douzaine, l'autre moyen qui depend de l'art eſt de prendre la douzieme partie de ladite valeur de la groſſe, ou bien pour le plus facile à ceux qui ne ſont ſtilez de prendte ledit douzieme, ſeroit de prendre le tiers & le quart du tiers, & le produit du quart rendra la valeur de ladite douzaine, ce faiſant on trouuera que audit prix de la groſſe la douzaine vaudra 11 ß 3 ♂ $\frac{1}{2}$

Du trafiq des marchands droguiſtes, eſpiciers & autres qui vendent & acheptent, marchandiſe par poids, à la ℔, au 100, à la charge, & au milier. Et premierement enſuiuent les parties correſpondantes à la ℔ du poids de 16 ℥.

Remierement pour 1 ℥ faut prendre le quart du prix de la ℔ & de ſon produit en prendre auſſi le quart, & ce qui viendra du dernier quart ſera de la valeur de l'once : Pour 2 ℥ faut prendre la huictieme partie du prix de ladite ℔ : Pour 3 ℥ faut prendre vn huictieme & la moitié dudit huictieme, & adiouſter les deux produits enſemble, comme faut faire des autres parties, quand on prendra deux ou trois parties de la valeur de la ℔.

Q 2

Pour 4 ℥ faut prendre le quart. Pour 5 ℥ le quart du quart. Pour 6 ℥ le quart & la moitié du quart.   Pour 7 ℥ le quart, la moitié du quart & la moitié de la moitié.

Pour 8 ℥ prendre la moitié. Pour 9 ℥ la moitié & la huictieme de la moitié. Pour 10 ℥ la moitié & le quart de la moitié. Pour 11 ℥ la moitié le quart de la moitié, & la moitié du quart.

Pour 12 ℥ faut prendre la moitié & la moitié de la moitié. Pour 13 ℥ la moitié, & la moitié de la moitié, & le quart de la derniere moitié. Pour 14 ℥ les trois moitiez l'vne de l'autre. Pour 15 ℥ faut prendre les quatre moitiez aussi l'vne de l'autre adioustant ensemble lesdits quatre produits.

SY 28 ℔ 13 ℥ coustent 179 £ 13 ß 4 ξ, pour sçauoir combié la ℔ du poids de 16 ℥, faut reduire en ℥ les 28 ℔, les multipliant par 16 ℥, & y adiouster les 13 ℥ puis multiplier les 179 £ par les 16 ℥ comme si c'estoyent 16 £ puis pour les 13 ß 4 ξ prendre les $\frac{2}{3}$ desdites 16 £ en apres faut adiouster tous ces produits ensemble, & partir la somme des £ qui en viendra par les ℥ qui seront prouenues des 28 ℔ 13 ℥, en paracheuant la regle suyuant le stile de la regle de trois, & on trouuera qu'il en viendra 6 £ 4 ß 8 ξ pour la valeur de ladite ℔, & restera 264 ξ à partir au partiteur chose de petite valeur, & pour faire la preuue qui est de sçauoir audit prix de 6 £ 4 ß 8 ξ ladite ℔, si les 28 ℔ 13 ℥ reuiendront aux 179 £ 13 ß 4 ξ, faut premierement multiplier les 28 ℔ par les 6 £, & pour les 4 ξ prendre le quint des 28 ℔, & pour les 8 ξ, la sixieme du quint, & pour les 13 ℥ faut prendre la moitié de 6 £ 4 ß 8 ξ, la moitié de la moitié, & le quart de la derniere moitié, & pour faire ladite preuue au iuste, faut partir au bref par 16 ℥ les 264 ξ restans, prenant le quart du quart, & le dernier quart rendra 16 ξ $\frac{1}{2}$ qui est 1 ß 4 ξ $\frac{1}{2}$ quil faut adiouster auec les autres produits de l'exemple, & en viendra iustement les 179 £ 13 ß 4 ξ cóme le tout se verra pratiqué cy apres par exemples.

Exem-

Exemple.

Sy 28 ℔ 13 ℥ couſtent 179 ₤ 13 ß 4 ℊ, combien la ℔ de 16 ℥

    16 ℥   16 ₤
   168 ℥   1074 ₤
    28   179   26
    13 ℥   774
   461 ℥   5 ₤ 6 ß 8 ℊ   3952|8 ℊ
                  5 ₤ 6 ß 8 ℊ   461
                 2874 ₤ 13 ß 4 ℊ

    10   108 ₤   32   329 ß
   461   108   539   329
  2874|6 ₤ 4 ß 8 ℊ   13 ß   2173|4 ß   3294 ℊ
   461   2173 ß   461   3952 ℊ

Reſpon. Ladite ℔ vaudra 6 ₤ 4 ß 8 ℊ, & 264 ℊ reſtans, choſe
de peu de valeur

Second exemple pour faire la preuue de la ſuſdite regle.

 ⅓   28 ℔ 13 ℥ à
    ½   6 ₤ 4 ß 8 ℊ la ℔, reſte 264 ℊ à partir par 16
         168 ₤   66
 ⅙   5 ₤ 12 ß   ¼ ¼ 16 ℊ ½ qui eſt 1 ß 4 ℊ ½
           0 ₤ 18 ß 8 ℊ
    ¼   3 ₤ 2 ß 4 ℊ
           1 ₤ 11 ß 2 ℊ
           0 ₤ 7 ß 9 ℊ ½
           0 ₤ 1 ß 4 ℊ ½

Reſp. 179 ₤ 13 ß 4 ℊ pour la valeur des 28 ℔ 13 ℥ ſuſdites.

Par le prix de la ℔ poids de 16 ℥, trouuer la valeur de l'once.

A 10 ₤ 15 ß 6 ℊ la ℔. Pour ſçauoir cõbien l'once, faut prendre le quart du quart, & du dernier quart en viendra la valeur de ladite once.

Exemple.

¼   A 10 £ 15 ß 6 ₰ la ℔, poids de 16 ℥, combien l'once.
¼   2 £ 13 ß 10 ₰ ½
Resp.   13 ß 5 ₰ ⅝ pour la valeur de ladite once.

Y 3579 ℔ couftent 898 £ 15 ß 6 ₰. Pour fçauoir combien les 100 ℔ faut premierement multiplier les 898 £ par les 100 ℔, & pour les 15 ß 6 ₰ prendre la moitié defdites 100 ℔, & la moitié de la moitié, & la dixieme de la derniere moitié : puis adioufter tous ces produits enfemble, & paracheuer l'exemple fuiuant le ftile de la regle de trois, & il en viédra 25 £ 2 ß 2 ₰ pour la valeur defdites 100 ℔, & reftera 3546 ₰ à partir au partiteur de ladite regle, chofe de peu de valeur. Et pour faire le contraire de ladite regle, & fçauoir audit prix des 25 £ 2 ß 2 ₰ les 100 ℔, fi les 3579 ℔ reuiendront aux 898 £ 15 ß 6 ₰ fufdit, faut multiplier premierement les 3579 ℔ par les 25 £ : & pour les 2 ß 2 ₰ faut prendre la dixieme defdites 3579 ℔, & la douzieme dudit dixieme, ou bien le tiers & le quart du tiers, en rayant ledit tiers. Et pour faire le contraire au iufte, faut reduire en £ les 3546 ₰ reftans, & en viendra 14 £ 15 ß 6 ₰ qu'il faut mettre auec les autres produits de l'exemple : puis adioufter tous lefdits produits enfemble, & de l'addition en viendra 89877 £ 10 ß defquelles £ en faut couper les deux dernieres figures qui font 77 £ qu'il faut reduire en ß du moyé qui a efté dit cy deuant à la reduction des £ en ß en y adiouftant les 10 ß qui font prouenus de l'addition dudit exemple, & d'icelle addition en viendra 1550 ß defquels ß en faut couper les deux dernieres figures qui font 50 ß lefquels faut reduire en deniers par le moyen qui a efté dit cy deuant à la reduction des ß en deniers, & on trouuera qu'il en viendra 600 ₰ defquels faut couper les deux dernieres figures qui font deux zero, & reftera 6 ₰. Tellement que des deux figures coupees tant à la fomme des £, ß que deniers, on trouuera qu'il en viendra iuftement les 898 £ 15 ß 6 ₰ pour la valeur des 3579 ℔ de la regle precedente, comme fe verra

pra-

pratiqué pat l'exéple figuré cy apres, lequel faut noter pour vne regle generale.

Exemple dudit contraire pour la preuue de la fufdite regle de trois.

$\frac{1}{10}$ 3579 ℔ à
         25 £ 2 ß 2 ʒ le 100 auec les 354 6 ʒ reſtans.
    ───────────────── $\frac{1}{6}$ 59
    17895 £ $\frac{1}{4}$ ────────────
     7158   14 £ 15 ß 6 ʒ

$\frac{1}{3}$ 357 £ 18 ß
$\frac{1}{4}$ 119 £ 6 ß
         29 £ 16 ß 6 ʒ
         14 £ 15 ß 6 ʒ prouenues des 3546 ʒ reſtans.
    ─────────────────
    89877 £ 10 ß
        77
    ─────────────────
         10 ß
    ─────────────────
       1550 ß
         12 ʒ
    ─────────────────
        600 ʒ

Reſponfe: Les 3579 ℔ audit prix de 25 £ 2 ß 2 ʒ, le 100 a-
uec les deniers reſtans reuiendront aux 898 £ 15 ß 6 ʒ de la regle precedente: & faut noter le moyen de ce contraire pour s'en feruir à d'autres de femblable fubiet.

A 127 £ 12 ß 6 ʒ les 100 ℔, pour ſçauoir combien 699 ℔,
faut multiplier lefdites ℔ par lefdites 127 £, & pour les 12 ß 6 ʒ
prendre la moitié & le quart de la moitié defdites 699 ℔ : puis adiouſter tous ces produits enfemble, & partir le produit total par 100
du moyen dit cy deuant en coupât les deux figures dernieres, & dudit exemple en viendra la valeur defdites 699 ℔, qui fera 892 £
1 ß 11 ʒ & 70 ʒ à partir par 100 que ie prens pour 1 ʒ pour
l'adiouſter auec les 11 ʒ & ferôt 1 ß que i'adiouſte auec l'autre ß
qui fera produit de l'exemple, comme le tout fe verra cy apres.

$\frac{1}{2}$　　699 ℔, à

　　　127 £ 12 ß 6 ♊ les 100 ℔, combien lesdites ℔

　　　―――――――――――――――
　　　4893 £

　　1398

　　699

$\frac{1}{4}$　　349 £ 10 ß

　　　87 £ 7 ß 6 ♊

　――――――――――――
　892·09 £ 17 ß 6 ♊

　　9

　　17 ß

　――――――
　　197 ß

　　97

　976 ♊

――――――――――――――――――――――
1170 ♊, à partir par 100 qu'il faut prendre pour 1 ♊,
l'adiouſtant auec les 11 ♊.

Reſponſe. A la raiſon dite de 127 £ 12 ß 6 ♊ le 100 les 699 ℔
vaudront 892 £ 2 ß.

Par le prix de pluſieurs charges & ℔, trouuer la valeur d'vne charge du poids
de 300 ℔, auec ſon contraire.

Y 89 charges 145 ℔ couſtent 3653 £ 16 ß 10 ♊. Pour
ſçauoir à combien reuiendra la charge de 300 ℔, faut premierement reduire les 89 charges en ℔, en les multipliãt par 300 ℔,
& à la multiplication y adiouſter les 145 ℔ : puis paracheuer ledit
exemple ſuiuant le ſtile de la regle de trois, & il en viendra 40 £
16 ß 7 ♊ pour la valeur de ladite charge, & reſtera 22445 ♊ à partir audit partiteur de la regle de trois, choſe de peu de valeur. Et au
contraire pour trouuer la valeur des 89 charges 145 ℔ ſuiuant le
prix de ladite charge, faut premierement reduire leſdites charges
en ℔, en les multipliant par 300 ℔, valeur de ladite charge, & à la
multiplication y adiouſter les 145 ℔ qui ſeront en tout 26845 ℔
lesquelles

lesquelles ℔ faut multiplier par les 4 0 £:& pour les 1 6 ß 7 ß prédre pour 1 0 ß la moitié desdites ℔:pour 5 ß la moitié de la moi-
tié:pour 1 ß le quint de la derniere moitié : & pour 7 ß la moitié
du produit du quint , & la sixieme de la moitié : & pour faire ledit
contraire au iuste,faut reduire en £ les 2 2 4 4 5 ß restás,& les mettre auec les autres produits de l'exemple : puis adiouster le tout, &
partir par 1 0 0 le produit total , en coupant les deux dernieres figures comme a esté dit en autres exemples, puis prendre le tiers de ce
qui en viendra : & en ce faisant on trouuera les 3 6 5 3 £ 1 6 ß 1 0 ß
pour la valeur des 8 9 charges 1 4 5 ℔ de la regle susdite.

Exemple du contraire de la regle susdite..

A 4 0 £ 1 6 ß 7 ß la charge auec les 2 2 4 4 5 ß restans,
  combien 8 9 charges 1 4 5 ℔ $\frac{1}{3}$ 7 4 8 1 —— 2 ß
          3 0 0 ℔ $\frac{1}{4}$ 1 8 7 0 ß 5 ß
          ————————   ——————————————
          2 6 8 4 5 ℔   9 3 £ 1 0 ß 5 ß

$\frac{1}{2}$ 2 6 8 4 5 ℔ à

          4 0 £ 1 6 ß 7 ß la charge de 3 0 0 ℔, côb.les 2 6 8 4 5 ℔.
          ——
     1 0 7 3 8 0 0 £
$\frac{1}{2}$ 1 3 4 2 2 £ 1 0 ß
$\frac{1}{2}$ 6 7 1 1 £ 5 ß
$\frac{1}{5}$ 1 3 4 2 £ 5 ß
$\frac{1}{2}$ 6 7 1 £ 2 ß 6 ß
$\frac{1}{2}$ 1 1 1 £ 1 7 ß 1 ß
$\frac{1}{6}$ 9 3 £ 1 0 ß 5 ß
          ————————————————————
     1 0 9 6 1 5 2 £ 1 0 ß
               2 0 ß
          ——————————
       1 0 5 0 ß
               1 2 ß
          ——————————
         6 0 0 ß $\frac{1}{3}$ 1 0 9 6 1 £ 1 0 ß 6 ß
                           ————————————————————————————
                           Resp. 3 6 5 3 £ 1 6 ß 1 0 ß

Response: les 8 9 charges 1 4 5 ℔ reuiennét aux 3 6 5 3 £ 1 6 ß 1 0 ß
de la regle de trois precedente.

                                          R

Pour trouuer par le prix d'vne ℔ la valeur de 1 0 0 ℔ auec son contraire par
vne regle subtile & breue.

A 17 ß la ℔, combien les 1 0 0 ℔ il ne faut que multiplier par 5 les 17 ß & en viendra 85 qu'il faudra tenir pour 85 ₶ pour la valeur dudit 1 0 0 ou bien adiouster vn zero auxdits 17 ß & en prendre la moitié, & il en viendra semblablement les 85 ₶ pour la valeur dudit 1 0 0 Au contraire pour sçauoir audit prix de 85 ₶ le 1 0 0 si la ℔ reuiendra aux 17 ß ne faut que prendre la cinquieme des 85 ₶ & il en viendra les 17 ß valeur de ladite ℔. Aussi pour sçauoir à 18 ß 8 ₰ la ℔ côbien les 1 0 0 ℔ faut multiplier par 5 les 18 ß 8 ₰ commençant aux 8 ₰ & en viendra 4 0 ₰ qui sont 3 ß 4 ₰ lesquels 3 ß faut tenir pour 3 ₶ pour les adiouster à la multiplicatiô des 18 ß qui produiront aussi ₶ Et pour les 4 ₰ qui sont le tiers d'vn ß les faut tenir pour le tiers d'vne ₶ qui est 6 ß 8 ₰ qu'il faut poser audit exemple: Tellement que de son produit en viendra 93 ₶ 6 ß 8 ₰ pour la valeur desdites 1 0 0 ℔. Et au contraire pour trouuer la valeur de la ℔ par la valeur dudit 1 0 0 faut pour le plus facile & bref: premierement reduire en ß les 93 ₶ en y adioustant les 6 ß puis en couper les deux figures dernieres lesquelles faudra reduire en ₰ & y adiouster les 8 ₰ de l'exemple: puis en couper les deux figures dernieres, & on trouuera pour les restans des deux figures coupées les 18 ß 8 ₰ pour la valeur de ladite ℔ Et faut noter les moyens desdites deux regles auec leurs contraires pour vne regle generale seruante à toutes autres de semblable subiet combien que le prix de la ℔ ou du 1 0 0 soit different suyuant laquelle instruction les exemples sont figurez cy dessoubs. Et d'autant que lesdites regles ensemble leurs côtraires sont faites auec vne grâde subtilité & breue industrie, i'ay bien voulu derechef mettre la response à chacun produit d'icelles pour les rendre plus intelligibles & les faire comprendre plus facilement aux lecteurs.

Exem-

Exemple.

A 17 ß la ℔ combien les 100 ℔

Resp. 85 £ lesdites 100 autrement à 17 ß la ℔ côb. les 100 ℔

ainsi ½ 170 £

Response 85 £ lesdites 100 ℔

Exemple du contraire.

A 85 £ les 100 ℔ combien la ℔ ainsi ⅕ 85 ß

Resp. 17 ß ladite ℔

Autre exemple.

A 18 ß 8 ƒ la ℔ combien les 100 ℔

Respon. 93 £ 6 ß 8 ƒ lesdites 100 ℔

Exemple du contraire.

A 93 £ 6 ß 8 ƒ les 100 ℔ combien la ℔

936 ß

1866 ß

66

668

800 ƒ

Response. Ladite ℔ reuient aux 18 ß 8 ƒ de l'exemple susdit.

Pour trouuer la valeur de la charge du poids de 300 ℔ en £, ß & ƒ,
par le prix d'vne ℔ eualuee par ƒ.

A 15 ƒ la ℔ pour sçauoir combien la charge de 300 ℔. Il ne faut que prendre le quart desdits 15 ƒ les tenāt comme si c'estoyent 15 £ & adiouster ledit quart auec lesdits 15 & chacū quart restant sur la derniere figure vaudra vn quart de £ qui est 5 ß. Tellement que audit prix de 15 ƒ la ℔ la charge vaudra 18 £ 15 ß. Et

R 2

au contraire pour sçauoir audit prix de la charge à combien reuiendra la ℔ faut prendre le quint desdites 18 £ 15 ß puis le soubstraire de ladicte somme, & restera 15 qu'il faut tenir pour les 15 ß valeur de la ℔.

Exemple.

A 15 ß la ℔ combien la charge ainsi $\frac{1}{4}$ 15 £
                                          3 £ 15 ß
               Response   18 £ 15 ß ladite charg.

Exemple du contraire.

A 18 £ 15 ß la charge combien de ß la ℔
   Ainsi $\frac{1}{5}$ 18 £ 15 ß
          3 £ 15 ß
Response   15 £ qu'il faut tenir pour 15 ß valeur de la ℔

Autrement pour trouuer par le prix de la charge de 3 0 0 ℔ la valeur de la ℔
auec son contraire par vn moyen subtil, & bref.

A 29 £ 18 ß 8 ß la charge, pour sçauoir combien la ℔ ne
faut que prendre le quint de ladite somme & le soubstraire
& le restant sera 23 £ 18 ß 11 ß & $\frac{1}{5}$ lesquelles 23 £ faut tenir
pour 23 ß pour la valeur de la ℔. Et touchant aux 18 ß 11 ß $\frac{1}{5}$
regardant par iugemét quelle partie c'est de la £ de 2 0 ß, on trouuera que c'est plus de $\frac{15}{16}$ de ladite £ qu'il faudroit tenir pour
les $\frac{15}{16}$ de 1 ß lesquels seziemes on peut prendre pour 1 ß & l'adiouster auec les 23 ß & seront 2 4 ß qui valent 2 ß pour la valeur de ladite ℔ suiuant ledit prix de la charge. Et au contraire pour
trouuer la valeur de la charge par le prix de la ℔. Pour faire ledit cō-
traire au iuste faut reprendre les 2 3 £ 18 ß 11 ß $\frac{1}{5}$ & en prendre le
quart pour l'y adiouster, & on trouuera qu'il en viendra iustement
les 2 9 £ 18 ß 8 ß valeur de ladite charge. Et faut noter le moyen
tant de ceste regle que de la precedente pour trouuer la valeur de la
charge par le prix de la ℔:& au contraire le prix de la ℔ par le prix
                                                                de la

de la charge pour s'en feruir pour vne regle generale à toutes autres
de femblable fubiet, côbien que les prix & fommes foyent differens.

Pour trouuer la valeur du milier par le prix du 1 0 0 auec
fon contraire.

A 8 £ 19 ß 10 ß le 100 Pour fçauoir combien le milier, faut
reduire premierement les 8 £ en ß en y adiouftant les 19 ß
& feront 179 ß qu'il faut tenir pour 179 £: puis regarder pour les
10 ß quelle partie rompue eft de 1 ß qui font $\frac{10}{12}$ qui valét $\frac{5}{6}$ qu'il
faut tenir pour les $\frac{5}{6}$ d'vne £ qui valent 16 ß 8 ß qu'il faut figurer apres les 179 £ & feront 179 £ 16 ß 8 ß, de laquelle fomme
en faut prendre la moitié: & en viendra 89 £ 18 ß 4 ß pour la valeur dudit milier. Et au contraire, pour fçauoir par ledit prix du milier fi le cent reuiendra aux 8 £ 19 ß 10 ß ne faut que prendre la
dixieme des 89 £ 18 ß 4 ß & en viendra iuftement les 8 £ 19 ß
10 ß Comme fe voit pratiqué par l'exemple cy apres.

Exemple.

A 8 £ 19 ß 10 ß le cent, combien le milier.

　　　8
　　 1 9
$\frac{1}{2}$　179 £ 16 ß 8 ß

Refp.　 89 £ 18 ß 4 ß autant vaudra ledit milier.

Exemple du contraire.

A 89 £ 18 ß 4 ß le milier, côbiê le cent ainfi $\frac{1}{10}$ 89 £ 18 ß 4 ß
　　　　　　　　　　　Refponfe　 8 £ 19 ß 10 ß ledit
　　　　　　　　　　　　　　　　　　　　　　cent.

Enfuit quelques regles de la reduction des poids. Premierement de la reduction du
poids de Paris au poids de Lyon: auec fon contraire, qui eft reduire le poids
de Lyon au poids de Paris: à raifon que les 1 0 0 ℔ poids
de Paris, font 1 1 6 ℔ du poids de Lyon.

POVR reduire 4979 ℔ du poids de Paris. Pour fçauoir à côbien reuiendront du poids de Lyon, faut multiplier lefdites ℔
　　　　　　　　　　　　　　　　　　　　　　　　　par

par 116 ℔,& partir le produit de la multiplication par 100 au bref,
en coupât les deux figures dernieres,lefquelles faut reduire en ℥, en
les multipliant par 16 ℥ valeur de la ℔, puis en couper les deux figures dernieres pour autant d'onces à partir à 100 chofe de peu de
valeur,& les reftantes des deux figures coupées ferôt 5775 ℔ 10 ℥
& 24 ℥ reftantes à partir audit 100, chofe de peu de valeur, com
me dit eft.Or pour faire le cotraire,& reduire les 5775 ℔ 10 ℥ dudit poids de Lyon audit poids de Paris, auec les 24 ℥ reftâtes,faut
dire par regle de trois,fi 116 ℔ Lyon ne valent que 100 ℔ Paris,
combien les 5775 ℔ 10 ℥ auec les 24 ℥ reftantes dudit Paris.
Faut premieremét multiplier par 100 ℔ les 5775 ℔,& pour les 10
℥ prendre la moitié des 100 ℔ & le quart de la moitié. Et pour
faire ledit côtraire au iufte,faut adioufter les 24 ℥ reftâtes auec les
autres onces qui feront produites à l'exemple,puis adioufter tous les
produits enfemble , & en viendra vne quantité de ℔ qu'il faut partir par les 116 ℔ du poids de Lyon, & de la partition en viendra les
4979 ℔ dudit poids de Paris comme cy deffus eft propofé.

Exemple.

4979 ℔ poids de Paris,combien du poids de Lyon.

116 ℔

29874 ℔

4979

4979

577564 ℔

16 ℥

384

64

1024 ℥

Refponfe.Les 4979 ℔ Paris ne valent que 5775 ℔ 10 ℥ poids de
Lyon comme dit eft.

Exemple

Exemple du contraire qui est de reduire le poids de Lyon audit poids de Paris.

Sy 116 ℔ Lyon ne valent que 100 ℔ Paris, comb. 5775 ℔ 10 ℥
Lyon auec les 24 ℥ restantes

	100 ℔
$\frac{1}{2}$	5775 00 ℔
	50 ℔
$\frac{1}{4}$	12 ℔ 8 ℥
	0 ℔ 24 ℥
	5775 64 ℔

5775 64 | 4979 ℔ du poids de Paris de la
116666   regle precedente.

*De la reduction du poids de Marseille au poids de Lyon, dont aucuns trouuent que les
100 ℔ Lyon, font 106 ℔ du poids de Marseille, qui sont 6 ℔ d'auantage pour 100 ℔. Et d'autres trouuent que les 100 ℔ de Marseille ne font
que 94 ℔ de Lyon qui sont 6 ℔ moins pour 100. Suiuant lesquelles deux
sortes de reductions ie propose cy apres vn exemple fait par lesdites deux raisons
pour monstrer la difference qu'il y a sur ledit poids.*

RESVPPOSANT qu'vn marchand de Marseille ait vendu
de la marchandise à vn marchand de Lyon, laquelle à pé-
sé dudit poids de Marseille 4500 ℔, laquelle marchandise, il luy a vendue au poids de Lyon. La demande est de
sçauoir à combien reuiendront lesdits 4500 ℔ de Marseille dudit
poids de Lyon. Premierement à raison de 100 ℔ de Lyon, pour
106 ℔ de Marseille, & secondement à 100 ℔ de Marseille pour
94 ℔ de Lyon, pour veoir laquelle desdites deux reductions sera
mieux à l'aduantage du vedeur : & premierement ensuit la reductiõ
des 100 ℔ de Lyon pour 106 ℔ de Marseille, pour sçauoir à ceste
raison combien lesdites 4500 ℔ poids de Marseille ferõt du poids
de Lyõ. Pour ce faire faut dire par regle de trois, sy 106 ℔ Marseille ne font que 100 ℔ Lyon, combien les 4500 ℔ Marseille ferõt
dudit Lyon, pratiquant ceste regle suyuant le stile de la regle de trois

on trouuera 4 2 45 ℔ 4 ℥ & ½ dudit poids de Lyon, lesquelles ℔ & ℥ faut laisser à part pour venir à faire ladite reduction à l'autre raison dite de 1 o o ℔ Marseille pour 9 4 ℔ de Lyon, pour sçauoir côbien rendront dudit poids de Lyon les 4 5 o o ℔ Marseille. Pour ce faire faut multiplier par 9 4 ℔ lesdites 4 5 o o ℔, puis les partir par 1 o o au bref en coupant les deux figures dernieres, & en viendra 4 2 3 o ℔ dudit poids de Lyon, tellement qu'il est apparent qu'il y a perte pour le vendeur sur la reduction derniere, & pour veoir ladite perte faut soubstraire lesdites 4 2 3 o ℔ des 4 2 4 5 ℔ 4 ℥ & ½ & en restera 1 5 ℔ 4 ℥ & ½ pour la perte dudit vendeur , que si la marchandise estoit à 1 o £ la ℔, comme il y en a de plus grand prix, la perte seroit de 1 5 2 £ 1 6 ß 3 ₰.

Exemple de la premiere reduction de 1 o o ℔ Lyon pour 1 o 6 ℔ Marseille.

Sy 1 o 6 ℔ Marseille ne valẽt que 1 o o ℔ Lyõ, côb. 4 5 o o ℔ Mars.

~~4 5 3~~

~~2 6 8 6~~

~~4 5 0 0 0 0~~ | 4 2 4 5 ℔ 4 ℥ ½ poids de Lyon laissez à part pour ve-

~~1 0 6 6 6 6~~   nir à faire l'autre reduction.

  ~~1 0 0 0~~

   ~~1~~

3 o ℔

1 6   5 6   5 6 ℥   6

1 8 0   ~~4 8 0~~ | 4 ℥   2 demi   ~~1 1~~ 2 | ½ d'once

3 o   ~~1 0 6~~   1 1 2 demi   ~~1 0 6~~

4 8 o ℥

Exemple de la seconde reduction à la raison dite de 1 o o ℔ Marseille,
pour 9 4 ℔ poids de Lyon.

     4 5 o o ℔

       9 4 ℔

   1 8 0 0 0

  4 0 5 0 0

  4 2 3 o o o ℔ Response 4 2 3 o ℔ dudit poids de Lyon.

Exem-

Exemple de la perte.

4 2 4 5 ₶ 4 ⓢ ½ Lyon de la premiere reduction mife à part.
4 2 3 0 ₶ 0 ⓢ 0 Lyon de ladite feconde reduction.

Refp.   1 5 ₶ 4 ⓢ ½ de perte pour le vendeur.

Par le prix des 1 0 0 ₶ poids de Marfeille, trouuer la valeur des 1 0 0 ₶ poids de
Lyon auec fon contraire qui eft du prix des 1 0 0 ₶ de Lyon, trouuer la
valeur des 1 0 0 ₶ Marfeille à la raifon dite de 1 0 0 ₶ de
Lyon pour 1 0 6 ₶ Marfeille.

A 9 8 £ 1 5 ß les 1 0 0 ₶ poids de Marfeille, pour fçauoir combien les 1 0 0 ₶ poids de Lyon, faut multiplier 1 0 6 ₶ de
Marfeille qui font les 1 0 0 ₶ poids de Lyon par les 9 8 £,
& pour les 1 5 ß d'auantage, faut prendre la moitié & le quart des
1 0 6 ₶, ou bien la moitié de la moitié, puis adioufter tous les produits enfemble, & partir par 1 0 0 le produit total, en coupant les
deux figures dernieres, comme a efté dit cy deuant, & en viendra 104
£ 1 3 ß 6 ₰ pour la valeur des 1 0 0 ₶ poids de Lyon. Or pour fai
re le contraire & fçauoir à raifon de 1 0 4 £ 1 3 ß 6 ₰ les 1 0 0 ₶
de Lyon, fi les 1 0 0 ₶ de Marfeille reuiendront aux 9 8 £ 1 5 ß fuf
dits, faut premierement dire par regle de trois, fy 1 0 6 ₶ couftent
1 0 4 £ 1 3 ß 6 ₰, combien 1 0 0 ₶ en pratiquant cefte regle fuyuant fon ftile, il en viendra les 9 8 £ 1 5 ß valeur dudit 1 0 0 poids
de Marfeille.

Par le prix de la ₶ poids de Marfeille, trouuer la valeur de la ₶ poids de Lyon, à
la raifon dite que les 1 0 0 ₶ poids de Lyon font 1 0 6 ₶ poids
de Marfeille.

A 8 £ 1 5 ß 6 ₰ la ₶ de Marfeille, pour fçauoir combien la ₶
de Lyon, faut premierement regarder combien ladite ₶ de
Marfeille pefera du poids de Lyon par regle de trois, ainfi fi 1 0 6 ₶
Marfeille ne font que 1 0 0 ₶ de Lyon, combien vne ₶ Marfeille
du poids de Lyon, en multipliant par 1 6 ⓢ lefdites 1 0 0 ₶, & partir par 1 0 6 ₶ il en viendra 1 5 ⓢ, & reftera fur la partition 1 0 à

partir à 106 dit partiteur, les mettant en fraction, ainſi $\frac{10}{106}$ & abreuier ladite fraction par moitié, & en viendra $\frac{5}{53}$ parties d'vne ℥. Tellement que ladite ℔ Marſeille ne reuiendra au poids de Lyon quà 15 ℥ $\frac{5}{53}$ parties d'vne ℥. Or à preſent pour ſçauoir ſuiuant ledit prix de 8 £ 15 ß 6 ₰, ladite ℔ poids de Marſeille, combien vaudra ladite ℔ poids de Lyon, faut dire par regle de trois, Sy 15 ℥ $\frac{5}{53}$ couſtent 8 £ 15 ß 6 ₰, combien 16 ℥ en pratiquant ceſte regle ſuiuant ſon ſtile, on trouuera qu'il en viendra 9 £ 6 ß & quelques reſtans de ₰, choſe de peu de valeur pour ladite valeur de la ℔ du poids de Lyon.

De la reduction du poids de Lyon au poids de Geneue, à raiſon que pluſieurs marchands treuuent que les 100 ℔ Geneue de 18 ℥ pour ℔ font 130 ℔ Lyon de 16 ℥ pour ℔

POVR ſçauoir au iuſte combien peſera 1 ℔ de Lyon audit poids de Geneue, faut dire par regle de trois, ſy 130 ℔ de Lyon ne valent que 100 ℔ de Geneue, combien 1 ℔ Lyon dudit Geneue. Faut reduire les 100 ℔ en ℥ & les multiplier par 18 ℥, puis partir leſdites onces par les 130 ℔ Lyon, & de la partition en viendra 13 ℥ & reſtera ſur icelle 110 ℥ qu'il faut reduire en ₰, en les multipliant par 24 ₰ valeur d'vne ℥, pour les partir par les 130 ℔, & en viendra 20 ₰, & 40 ₰ à partir en 130 choſe de peu de valeur. Tellement que ladite ℔ poids de Lyon vaudra du poids de Geneue 13 ℥ 20 ₰ quelque peu d'auantage, & cela faut noter.

Autre exemple de ladite reduction du poids de Geneue audit poids de Lyon.

EN 4579 ℔ poids de Geneue, combien du poids de Lyon, pour faire ceſte reduction au plus facile & bref, ne faut que multiplier ladite quantité de ℔ par 130 & partir par 100 au bref, en coupant les deux figures dernieres, comme a eſté pratiqué cy deuant à la reduction du poids de Paris au poids de Lyon : & en ce faiſant ſe trouuera que les 4579 ℔ de Geneue valēt 5952 £ 11 ℥

&

& quelque peu d'auátage du poids de Lyon. Et qui voudroit reduire le poids de Lyon au poids de Geneue, faudroit adiouſter deux zero d'auantage aux ℔ de Lyon, puis les partir par 1 3 0 ℔, & de la partition en viendroit poids de Geneue, & s'il reſtoit ſur ladite partitió
ce ſeroyent ℔ qu'il faudroit reduire en ⊙, en les multipliant par
1 8 puis le partir par ledit partiteur & cela faut noter.

Vne belle demande, ſur la reduction des poids.

S Y 1 o o ℔ poids de Paris font 1 1 6 ℔ du poids de Lyon, & les
1 o o ℔ poids d'Anuers ne font que 9 5 ℔ de Paris, on demande
à ceſte raiſon combien les 1 o o ℔ poids d'Anuers feront audit Lyó,
faut dire par regle de trois, ſi 1 o o ℔ Paris font les 1 1 6 ℔ Lyon,
combien feront audit Lyon les 9 5 ℔ poids de Paris qui eſt la valeur de 1 o o ℔ d'Anuers. En pratiquant ceſte reglé ſuyuant le ſtile
de ladite regle de trois, on trouuera que les 1 o o ℔ poids d'Anuers
ferót 1 1 o ℔ 3 ⊙ poids de Lyó, & faut noter le moyen de ceſte demande pour ſ'en ſeruir à d'autres de ſemblable ſuiet, combien qu'ils
ſoyent differens de poids.

R eſuppoſant que le marc d'argent fin couſte 2 1 £ 1 o ℔
pour ſçauoir combien l'once, ne faut que prendre la huictieme partie de ladite ſomme, & en viendra 2 £ 1 3 ℔ 9
ℨ, & pour faire le contraire, & ſçauoir audit prix de l'once ſi le marc reuiendra aux 2 1 £ 1 o ℔, faut multiplier par 8 ⊙ les
2 £ 1 3 ℔ 9 ℨ commençant aux 9 ℨ venant aux ℔ & aux £, & on
trouuera les 2 1 £ 1 o ℔ valeur dudit marc. Auſſi pour ſçauoir à 2 8
£ 1 o ℔ l'once de l'or, combien le ℨ, faut prendre la ſixieme & le

quart du sixieme desdites 28 £ 10 ß, & en viendra 1 £ 3 ß 9 ς
qui sont 23 ß 9 ς pour la valeur dudit denier. Et au contraire, de
sçauoir audit prix de 23 ß 9 ς le denier d'or, si l'once reuiendra
aux 28 £ 10 ß, ne faut que multiplier les 24 ς poids d'vne ℥,
pour 23 ß 9 ς, & il en viendra 570 ß, qui valent les 28 £ 10 ß
valeur de ladite once.

Pour trouuer la valeur du gain par le prix du denier, par vne regle subtile & brefue,
qui se fait sans mettre la main à la plume.

A 23 ß 6 ς le denier d'or, pour sçauoir combien vaudra le grain,
il faut noter qu'autant de ß que coustera le denier, autàt de demis deniers coustera le grain, de sorte que pour les 23 ß faut prendre 23 demis ς, qui valent 11 ς & ½ & pour les 6 ς d'auantage aux
23 ß les faut tenir pour la moitié d'vn demi denier, qui est ¼ de ς
qu'il faut adiouster auec le demi & feront ¾ Tellement que ledit
grain reuiendra à 11 ς ¾ suyuant ladite valeur de 23 ß 6 ς le ς.

Par le prix du Marc trouuer la valeur de plusieurs marcs, auec
℥, ς & grains.

A 20 £ 10 ß 6 ς le marc, pour sçauoir combien 23 marcs 6
℥ 17 ς 12 grains faut multiplier les 23 marcs par les 20 £, &
pour les 10 ß prendre la moitié des 23 marcs, & pour 6 ς aussi la
moitié, en mettant son produit qui seront ß, à l'endroit des autres
de l'exemple, & pour les 6 ℥ 17 ς 12 grains faut prendre pour lesdites 6 ℥ à sçauoir pour 4 ℥ la moitié de 20 £ 10 ß 6 ς, & pour
2 ℥ la moitié de la moitié, & pour les 17 ς faut prendre pour les
12 ς le quart du produit des 2 ℥, pour 4 ς le tiers du quart, &
pour vn denier restant le quart du tiers, & pour les 12 grains faut
prendre la moitié du quart: puis adiouster tous ces produits ensemble, & en viendra 489 £ 6 ß 9 ς pour la valeur desdits 23 marcs
6 ℥ 17 ς 12 grains.

Exem-

Exemple.

½ pour 4 ℥	23 mᵃ 6 ℥ 17 ß 12 gr.à	
½ pour 2 ℥	20 £ 10 ß 6 ʒ le marc, combien le tout.	
¼ pour 12 ʒ	460 £	
	11 £ 10 ß	
⅓ pour 4 ß ⌉17 ß	0 £ 11 ß 6 ʒ	
	10 £ 5 ß 3 ʒ	
¼ pour 1 ß⌋	5 £ 2 ß 7 ʒ ½	Ie prés pour 3 ß tou-
½ pour 12 gr.	1 £ 5 ß 7 ʒ 7/8	tes ces parties rom-
	0 £ 8 ß 6 ʒ 5/8	pues & les adiouſte
	0 £ 2 ß 1 ʒ 2/3 ½	auec les autres de
	0 £ 1 ß 0 ʒ 5/6 3/4	l'exemple.

Reſp. 482 £ 6 ß 9 ʒ autãt valét les 23 mᵃ 6 ℥ 17 ß 12 gr.

REGLES de fin de l'or & de l'argent ſuiuant leurs titres, dont faut entendre que l'or eſtant affiné & paſſé par le ciment royal, eſt à 24 carats ou enuiron, c'eſt à dire moins quelque huictieme, lequel or, aucuns affinent par l'eau forte : mais le ciment royal le rend plus beau, & donne plus grand luſtre : auſſi faut noter qu'vn carat de fin vaut 8 ß de poids, & auſſi faut entendre que l'argent eſtant affiné & paſſé par la coupelle reuient à 12 ß de fin ou enuiron, dont 1 ß de fin vaut 16 ß de poids : auſſi il eſt à noter que au deſſous de l'or de 24 carats ou enuiron, il ſ'en trouue d'autre or, iuſques à 12 carats : & au deſſous de l'argent de 12 ß de fin ou enuirõ, il ſ'en trou- ue d'autre argent iuſques à 10 ß, toutesfois quand il eſt au deſſous de 10 ß, il pert ſon nom, c'eſt à dire ne ſ'appelle plus argent, mais billon. Le caractere du carat eſt tel k.

Premierement enſuit le moyen de trouuer le poids fin d'vn lingot de billon, le voulant affiner à 12 ß de fin, pour puis apres eſtant affiné ſçauoir à combien il reuiendra de poids, & de combien il ſe decherra.

PRESVPPOSANT qu'vn marchand a vn lingot de billon pe- ſant 5 marcs 7 ℥ 18 ß, lequel par le rapport de l'eſſayeur ſe

trouue au titre de 8 ſ 15 grains : il veut affiner ledit lingot à 12 ſ,
pour ſçauoir quand il ſera affiné à combien il reuiendra de poids, &
de combien il ſe decherra. Pour le ſçauoir au plus bref, faut prendre
pour 8 ſ, à ſçauoir pour 6 ſ la moitié des 5 marcs 7 ℥ 18 ſ. Pour
2 ſ reſtans de 8 faut prendre le tiers du produit de la moitié : & pour
15 grains, faut prendre pour 12 grains le quart du produit des 2 ſ,
& pour 3 grains le quart du produit des 12 grains : puis adiouſter
tous ces produits enſemble, & il en viendra 4 marcs 2 ℥ 7 ſ 16 gr.
& 12 primes, qui eſt la moitié d'vn grain, & ſera argent fin de 12 ſ :
que pour ſçauoir de combien il ſe dechet, il faut ſoubſtraire ledit
poids de fin deſdits 5 marcs 7 ℥ 18 ſ billon, & le reſtant ſera le
dechet.

Exemple.

½ pour 6 ſ ⎫	5 m^a 7 ℥ 18 ſ billó au tiltre de 8 ſ 15 gr. côb.		

½ pour 6 ſ ⎫ 5 mᵃ 7 ℥ 18 ſ billó au tiltre de 8 ſ 15 gr. côb.
⅓ pour 2 ſ ⎰ 8 ſ 2 mᵃ 7 ℥ 21 ſ   fin de 12 ſ.
⅓ pour 12 gr. ⎱   mᵃ 7 ℥ 23 ſ
¼ pour 3 gr. ⎰ 15 gr. mᵃ 1 ℥ 23 ſ 18 gr.
         mᵃ 0 ℥ 11 ſ 22 gr. 12 primes.

Reſp. 4 mᵃ 2 ℥ 7 ſ 16 gr. 12 primes, argent fin de
12 ſ ou enuiron.

De 5 mᵃ 7 ℥ 18 ſ
tirer 4 mᵃ 2 ℥ 7 ſ 16 gr. 12 primes.
reſte 1 mᵃ 5 ℥ 10 ſ 7 gr. 12 primes, pour le dechet dudit
lingot.

Preuue de la regle precedente.

SY 4 marcs 2 ℥ 7 ſ 16 grains 12 primes, argẽt fin de 12 ſ,
prouenus de l'exemple precedent, les mettant au titre de 8 ſ
15 grains, pour ſçauoir s'ils reuiendront aux 5 marcs 7 ℥ 18 ſ du
lingot de billon, de l'exẽple ſuſdit. Pour ce faire faut premierement
ſoubſtraire les 8 ſ 15 grains des 12 ſ de fin, & reſtera 3 ſ 9 grains,
pre-

preſuppoſant que ledit lingot de 5 marcs 7 ℥ 18 ſ ſoit audit titre de 3 ſ 9 gr. lequel on veut affiner à 12 ſ. Pour ce faire faut pren
dre le quart dudit poids pour leſdits 3 ſ, & pour les 9 gr. la huictieme dudit quart, puis adiouſter les deux produits enſemble, & en viẽdra 1 marc 5 ℥ 10 ſ 7 grains 12 primes de fin, qu'il faut adiouſter auec les 4 marcs 2 ℥ 7 ſ 16 grains 12 primes du ſuſdit exem
ple, & en viendra iuſtement les 5 marcs 7 ℥ 18 ſ du lingot de billon de la regle precedente pour la vraye preuue.

Exemple de ladite preuue.

$\frac{1}{4}$ 5 mᵃ 7 ℥ 18 ſ au titre de 3 ſ 9 gr. combien de fin.
$\frac{1}{8}$ 1 mᵃ 3 ℥ 22 ſ 12 gr.
　　　 mᵃ 1 ℥ 11 ſ 19 gr. 12 primes.　　　　　De   12 ſ de fin
　 1 mᵃ 5 ℥ 10 ſ 7 gr. 12 primes de fin.　　　Tirer   8 ſ 15 gr.
　 4 mᵃ 2 ℥ 7 ſ 16 gr. 12 primes.　　　　　　Reſte   3 ſ 9 gr.
R. 5 mᵃ 7 ℥ 18 ſ du lingot de billon de la regle precedente audit
　　　　　titre de 8 ſ 15 grains.

Regle pour reduire l'or à 24 carats de fin ou enuiron, ſuiuant
le titre qui ſera propoſé.

VN lingot d'or, peſant 2 marcs 3 ℥ 2 ſ 18 grains, au titre de
20 carats & demi, pour l'affiner à 24 carats faut prẽdre pour
leſdits 20 carats, à ſçauoir pour 12 carats la moitié dudit poids,
pour 6 la moitié de la moitié, & pour 2 le tiers du produit de 6 carats, & pour $\frac{1}{2}$ carat le quart du produit dudit tiers : puis adiouſter
tous ces produits enſemble, & en viendra 2 marcs 7 ſ 20 grains
9 primes or fin de 24 carats ou enuiron. Pour ſçauoir ſon dechet
faut ſoubſtraire ledit poids de fin, du poids du lingot, & reſtera 2 ℥
18 ſ 21 grains 15 primes, & aultant ſera le dechet du lingot eſtant
affiné.

Exemple.

$\frac{1}{2}$ pour 12 k		2 mᵃ 3 ⓞȝ 2 ℈ 18 gr. or à 20 k $\frac{1}{2}$
$\frac{1}{2}$ pour 6 k	} 20 k	1 mᵃ 1 ⓞȝ 13 ℈ 9 gr.
$\frac{1}{3}$ pour 2 k		mᵃ 4 ⓞȝ 18 ℈ 16 gr. 12 primes.
$\frac{1}{4}$ pour $\frac{1}{2}$ k		mᵃ 1 ⓞȝ 14 ℈ 5 gr. 12 primes.
		mᵃ 0 ⓞȝ 9 ℈ 13 gr. 9 primes.

Responſe   2 mᵃ 0 ⓞȝ 7 ℈ 20 gr. 9 primes.

De   2 mᵃ 3 ⓞȝ 2 ℈ 18 gr.

Tirer 2 mᵃ 0 ⓞȝ 7 ℈ 20 gr. 9 primes.

Reſte   2 ⓞȝ 18 ℈ 21 gr. 15 prim. pour le dechet dudit lingot.

Preuue de l'exemple ſuſdit.

S Y les 2 marcs 7 ℈ 20 grains 9 primes or, à 24 carats de fin, les mettant au titre de 20 carats $\frac{1}{2}$ pour ſçauoir s'ils reuiendront aux 2 marcs 3 ⓞȝ 2 ℈ 18 grains du lingot propoſé à la regle precedente, faut premierement ſoubſtraire les 20 carats $\frac{1}{2}$ de 24 carats de fin, & reſtera 3 carats & $\frac{1}{2}$ preſuppoſant que leſdits 2 marcs 3 ⓞȝ 2 ℈ 18 grains ſoyent au titre deſdits trois carats & $\frac{1}{2}$ leſquels on veut affiner à 24 carats: pour ce faire faut prendre pour 3 carats la huictieme des 2 marcs 3 ⓞȝ 2 ℈ 18 grains. Et pour le demi carat prédre la ſixieme dudit huictieme: puis adiouſter ces deux produits enſemble, & en viendra 2 ⓞȝ 18 ℈ 21 grains 15 primes or fin, qu'il faut adiouſter auec les 2 marcs 7 ℈ 20 grains 9 primes du produit de l'exemple ſuſdit, & en viendra les 2 marcs 3 ⓞȝ 2 ℈ 18 grains, du poids du lingot de la regle precedente.

Exemple de ladite preuue.

De 24 carats	$\frac{1}{8}$	2 mᵃ 3 ⓞȝ 2 ℈ 18 gr. or, à 3 k $\frac{1}{2}$ côb. de fin
Tirer 20 carats $\frac{1}{2}$	$\frac{1}{6}$	mᵃ 2 ⓞȝ 9 ℈ 8 gr. 6 primes. (de 24 k
Reſte 3 carats $\frac{1}{2}$		mᵃ 0 ⓞȝ 9 ℈ 13 gr. 9 primes.
		mᵃ 2 ⓞȝ 18 ℈ 21 gr. 15 pr. fin. (cedĕt.
		2 mᵃ 0 ⓞȝ 7 ℈ 20 gr. 9 pr. fin du lingot pre

Responſe   2 mᵃ 3 ⓞȝ 2 ℈ 18 gr. poids du lingot de la regle precedente.

Pour

Pour trouuer le poids fin du marc d'argent, & d'vne once ſuiuant leur titre, par vne regle generale ſubtile & breſue.

VN marc d'argent au titre de 10 ℥ 17 grains pour l'afiner à 12 ℥ pour ſçauoir à combien ledit marc reuiendra de poids fin, ne faut que prendre le tiers des 10 ℥ 17 grains, & mettre ſon produit deux fois, & en viendra 7 onces 3 ℥ 8 grains argent fin de 12 ℥ ou enuiron & autant reuiendra ledit marc, auſſi d'vne once d'argent qui ſeroit au titre de 11 ℥ 4 grains : pour ſçauoir à combien reuiendra de poids de fin, faut doubler leſdits 11 ℥ 4 grains, & en viēdra 22 ℥ 8 grains argent fin, & autant reuiendra le poids de ladite once, comme ſe verra pratiqué par les deux exemples cy apres.

Exemple.

Vn marc d'argent au titre de 10 ℥ 17 gr. à cōb. reuiēdra de poids

$\frac{2}{3}$ — 3 ℥ 13 ℥ 16 gr.   (de 12 ℥ de fin

3 ℥ 13 ℥ 16 gr.

Reſponſe 7 ℥ 3 ℥ 8 gr. de fin.

Vne ℥ d'argent au titre de 11 ℥ 4 gr. à cōb. reuiendra du poids

11 ℥ 4 gr.   (de 12 ℥ de fin.

Reſponſe 22 ℥ 8 gr. de fin.

Pour trouuer le poids fin du marc d'or & d'vne once ſuiuant leur titre, par vne regle generale fort ſubtile & breſue.

VN marc d'or à 22 carats $\frac{5}{8}$ pour l'affiner à 24 carats, pour ſçauoir à combien reuiendra de poids, faut tenir premierement les 22 carats $\frac{5}{8}$ pour 22 onces 5 ℥, puis prendre le tiers des 22 ℥ & en viendra 7 ℥ & reſtera $\frac{1}{3}$ qu'il faut tenir pour 8 ℥, pour les aiouſter auec les 5 ℥ de l'exemple, & ſeront 13 ℥ d'auantage aux 7 ℥, par ainſi ledit marc au titre ſuſdit ne reuiendra qu'à 7 ℥ 13 ℥ d'or de 24 carats de fin. Auſſi d'vne ℥ d'or à 22 carats $\frac{7}{8}$ pour l'affiner à 24 carats : pour ſçauoir à combien reuiendra de poids de fin, faut tenir leſdits 22 carats pour 22 ℥, & pour les $\frac{7}{8}$ de carats faut te-

T

nir chacun huictieme pour 3 grains, de ſorte que les $\frac{7}{8}$ ſerôt 21 grain
qu'il faut mettre apres les 22 ℥ Tellement que ladite ℔ audit titre
de 22 carats $\frac{7}{8}$ eſtant affinée reuiendra à 22 ℥ 21 grain, or fin de
24 carats.

Exemple.

Vn marc d'or au titre de 22 carats $\frac{5}{8}$ à combien reuiendra de poids
           Reſponſe 7 ℔ 13 ℥ de fin.   (de 24 k de fin.

Vne ℔ d'or au titre de 22 carats $\frac{7}{8}$ à côbien reuiendra de poids de
           Reſponſe 22 ℥ 21 gr. de fin.   (24 k de fin.

Regles d'alliages de l'or & de l'argent, c'eſt à dire, d'alier vn or ou vn argent en plus
haut ou plus bas titre qu'il n'eſt, & premierement enſuiuent les regles des alia-
ges d'argent. La premiere eſt de mettre vn argent de bas alloy à vn plus
haut, en prenant d'vn autre argent encores plus haut.

PRESVPPOSANT qu'vn maiſtre de monnoye à 80 marcs 4
℔ 15 ℥ d'argent au titre de 10 ℥ 6 grains & $\frac{1}{2}$ de fin,
qu'il veut allier à 10 ℥ 14 grains pour en faire monnoyer teſtons, en prenant d'vn autre argent au titre de 11 ℥ 2 grains de fin,
& veut ſçauoir combien il luy en faut. Pour ce faire au plus facile &
bref, faut premierement reduire en onces les 80 marcs, en les multipliant par 8 onces, & à la multiplication y adiouſter les 4 onces, leſquelles onces faut reduire en ℥ , les multipliant par 24 ℥ , & à la
multiplication y adiouſter les 15 ℥ , leſquels ℥ faut laiſſer à part
pour regarder la difference des 10 ℥ 6 grains & $\frac{1}{2}$ aux 10 ℥ 14
grains par ſoubſtraction, & en viendra 7 grains $\frac{1}{2}$ qui ſont 15 demis
grains pour multiplieur des ℥ laiſſez à part du produit dudit lingot:
puis le produit de la multiplication le faut laiſſer à part, qui ſont autant de ℥ pour venir à regarder la differéce des 10 ℥ 14 grains aux
11 ℥ 2 grains auſſi par ſoubſtraction, & ſon different ſera 12 grains
qui valent 24 demis grains pour partiteur des derniers ℥ laiſſez à
part, & de la partition en viendra ℥ & les ℥ reſtans ſur la partition
les faut reduire en grains pour les partir par le partiteur , leſquels ℥
prouenus de la partition, faut reduire en onces & en marcs, & en
vien-

viendra 5 o marcs 2 ℥ 21 ℔ 9 grains qui eſt l'argét au titre de 11 ℔
2 grains, qu'il faut adiouſter auec les 8 o mars 4 ℥ 15 ℔ poids dudit lingot,& ſeront en tout 13 o marcs 7 onces 12 ℔ 9 grains argent,au titre de 1 o ℔ 14 grains de fin, pour en faire monnoyer teſtons comme eſt la demande.

Preuue de ladite regle d'aliage.

P O V R faire la preuue du ſuſdit aliage faut premierement regarder que tiendront de fin les 13 o marcs 7 onces 12 ℔ 9 grains
argent de teſtons, au titre de 1 o deniers 14 grains. Pour ce faire
faut prendre premierement pour 6 ℔ la moitié de 13 o marcs 7 onces 12 ℔ 9 grains pour 3 ℔ la moitié de la moitié,& pour vn denier
le tiers de la derniere moitié,& pour les 14 grains faut prendre la
moitié dudit tiers,& la ſixieme de la moitié : puis adiouſter tous ſes
produits enſemble, & en viendra 115 marcs 3 onces 2 o ℔ 9 grains
22 primes & 12 ſecondes, d'ont vne ſeconde eſt la vingtquatrieme
d'vne prime,argent fin de 12 ℔, lequel fin faut laiſſer à part pour
venir à regarder combien tiendront de fin les 8 o marcs 4 onces 15
℔, au titre de 1 o ℔ 6 grains ½ en prenant premierement pour 6 ℔ la
moitié deſdits 8 o marcs 4 onces 15 ℔, pour 3 ℔ la moitié de la
moitié, & pour vn denier le tiers de la derniere moitié , & pour 6
grains ½ faut prendre le quart du produit du tiers , & la douzieme
du quart:puis adiouſter tous ces produits enſemble,& en viendra 6 8
marcs 7 onces 17 ℔ 16 grains 3 primes, qu'il faut auſſi laiſſer à part
pour venir à regarder le fin des 5 o marcs 2 onces 22 ℔ 9 grains,
au titre de 11 ℔ 2 grains,en prenant premierement pour 6 ℔ la moitié deſdits 5 o marcs 2 ℥ 21 ℔ 9 grains. Pour 3 ℔ la moitié de
la moitié, & pour 2 ℔ les ⅔ de la derniere moitié,& pour les 2 gr.
la douzieme du produit de l'vn des deux tiers, puis adiouſter tous
ces produits enſemble,& en viendra 46 marcs 4 onces 2 ℔ 17 gr.
19 primes & 12 ſecondes argent fin de 12 deniers, lequel fin faut
adiouſter auec les 6 8 marcs 7 onces 17 ℔ 16 grains 3 primes de
fin,des 8 o marcs 4 ℥ 15 ℔,& de l'addition en viendra 115 marcs

T 2

3 ℥ 20 ℔ 9 grains 22 primes & 12 secondes., tout semblables au fin des 130 marcs 7 ℥ 12 ℔ 9 grains, & cela denote que la regle de l'aliage precedent est faite au iuste & comme il appartient, comme se verra pratiqué cy apres par trois exemples.

Exemple de ladite preuue.

½	130 mᵃ 7 ℥ 12 ℔ 9 gr. à 10 ℔ 14 gr. de fin.
½ ½ ½	65 mᵃ 3 ℥ 18 ℔ 4 gr. 12 primes
3 ½ 2 ⅙	32 mᵃ 5 ℥ 21 ℔ 2 gr. 6 primes

½
½ ½ ½
3 ½ 2 ⅙

130 mᵃ 7 ℥ 12 ℔   9 gr. à 10 ℔ 14 gr. de fin.
65 mᵃ 3 ℥ 18 ℔   4 gr. 12 primes
32 mᵃ 5 ℥ 21 ℔   2 gr.   6 primes
10 mᵃ 7 ℥ 7 ℔   0 gr. 18 primes
5 mᵃ 3 ℥ 15 ℔ 12 gr.   9 primes
0 mᵃ 7 ℥ 6 ℔ 14 gr.   1 prime 12 secondes.

115 mᵃ 3 ℥ 20 ℔   9 gr. 22 primes 12 secondes fin.

½
½ ½ ½
3 ¼ 1/12

80 mᵃ 4 ℥ 15 ℔, à 10 ℔ 6 gr. ½ de fin.
40 mᵃ 2 ℥ 7 ℔ 12 gr.
20 mᵃ 1 ℥ 3 ℔ 18 gr.
6 mᵃ 5 ℥ 17 ℔ 6 gr.
1 mᵃ 5 ℥ 10 ℔ 7 gr. 12 primes
0 mᵃ 1 ℥ 2 ℔ 20 gr. 15 primes.

68 mᵃ 7 ℥ 17 ℔ 16 gr.   3 primes de fin.

½
½ ½ ½
⅔
1/12

50 mᵃ 2 ℥ 21 ℔ 9 gr. au titre de 11 ℔ 2 gr. de fin.
25 mᵃ 1 ℥ 10 ℔ 16 gr. 12 primes.
12 mᵃ 4 ℥ 17 ℔ 8 gr.   6 primes
4 mᵃ 1 ℥ 13 ℔ 18 gr. 18 primes
4 mᵃ 1 ℥ 13 ℔ 18 gr. 18 primes
0 mᵃ 2 ℥ 19 ℔ 3 gr. 13 primes 12 secondes

46 mᵃ 4 ℥ 2 ℔ 17 gr. 19 primes 12 secondes fin.
68 mᵃ 7 ℥ 17 ℔ 16 gr.   3 primes

115 mᵃ 3 ℥ 20 ℔ 9 gr. 22 primes 12 secondes fin, comme au premier exemple des 130 marcs 7 ℥ 12 ℔ 9 grains qui est la vraye preuue de l'aliage precedent.

Alia

Aliage d'vn argent de billon de bas alloy à vn plus bas, en prenant d'vn autre billon encores plus bas pour faire monnoyer des pieces de six blancs qui valent 2 ß 6 ß ß.

VN maiſtre de monnoye ha 50 marcs 6 oӡ 12 ß de billon au titre de 4 ß 20 grains. Pour en faire monnoyer des pieces de ſix
blancs au titre de 3 ß 18 grains en prenant d'vn autre billon qui n'eſt
qu'au titre de 2 ß 15 grains,& veut ſçauoir combien il en doit prendre. Premierement pour ce faire au plus facile, faut reduire tout en
deniers les 50 marcs 6 oӡ 12 ß, & en viendra 9756 ß, qu'il faut
laiſſer à part pour venir à regarder la difference des 3 ß 18 grains,
aux 4 ß 20 grains par ſoubſtraction, & en viendra 1 ß 2 grains de
difference,qui valent 26 grains,pour multiplieur des ß mis à part,
& le produit de la multiplication ſeront ß, qu'il faut laiſſer à part
pour nombre à partir, pour venir à regarder la difference des 2 ß
15 grains,aux 3 ß 18 grains:& le different ſera 1 ß 3 grains, qui valent 27 grains,pour partiteur des ß mis à part, & de la partition en
viendra ß qu'il faut reduire en oӡ & en marcs du moyen de l'exēple de l'aliage precedent,& en viēdra 48 marcs 7 oӡ 10 ß 16 grains:
& autant faut de billon du titre de 2 ß 15 grains pour les meſler auec
les 50 marcs 6 oӡ 12 ß & feront en tout 99 marcs 5 oӡ 22 ß 16 gr.
& ſera billon au titre de 3 ß 18 grains,pour faire monnoyer des pieces de ſix blancs,comme la demande eſt. Qui voudroit faire la preuue,elle ſe fait du moyen de la preuue de l'aliage ſuſdit.

Alliage d'vn argent de billon de bas aloy à vn plus bas, pour en faire monnoyer des liards de trois deniers piece,en y adiouſtant du cuiure.

VN maiſtre de monnoye ha 55 marcs 3 oӡ 12 ß de billon au titre de 2 ß 6 grains & ½ qu'il veut alier à 1 ß 10 grains pour en
faire monnoyer des liards,& veut ſçauoir combien il y doit meſler
de cuiure. Pour le ſçauoir au plus facile & bref, faut premierement
reduire en ß les 55 marcs 3 oӡ 12 ß, & mettre iceux deniers à part
pour venir à regarder la difference de 1 ß 10 grains,à 2 ß 6 grains ½
& on trouuera difference de 20 grains ½ qui ſont 41 demi grains,

T 3

pour multiplieur des deniers mis à part : de laquelle multiplication en viendra ʒ, qu'il faut partir par les demi grains dudit 1 ʒ & 10 gr. & de la partition en viendra ʒ qu'il faut reduire en ℥ & en marcs, & on trouuera 33 marcs 3 ℥ 9 ʒ 16 grains, qui est le poids du cuiure qu'il faut prendre pour le mesler auec les 55 marcs 3 ℥ 12 ʒ, & feront 88 marcs 6 ℥ 21 ʒ 16 grains. Et sera billon au titre de 1 ʒ 10 grains pour en faire monnoyer des liards comme est la demãde.

Preuue de l'aliage precedent.

POVR faire la preuue de l'aliage precedent faut premierement tirer le fin des 55 marcs 3 ℥ 12 ʒ billon, au titre de 2 ʒ 6 grains ½ & en viendra de fin 10 marcs 3 ℥ 22 ʒ 5 gr. & 12 primes, desquelles primes ne faut tenir compte à cause que i'ay laissé courir les 64 grains restants de la derniere partitiõ de la regle precedente, lequel fin faut laisser à part pour venir à tirer le fin des 88 marcs 6 ℥ 21 ʒ 16 grains au titre de 1 ʒ 10 grains, & en viendra de fin 10 marcs 3 ℥ 22 ʒ 5 grains, tout semblable au fin des 55 marcs 3 ℥ 12 ʒ, qui denote que l'aliage precedent est fait au iuste comme il appartient.

Exemple de ladite preuue.

1/6	55 mᵃ 3 ℥ 12 ʒ, à 2 ʒ 6 gr. ½ de fin.
1/8	9 mᵃ 1 ℥ 22 ʒ
1/12	1 mᵃ 1 ℥ 5 ʒ 18 gr.
	mᵃ 0 ℥ 18 ʒ 11 gr. 12 primes.
Fin	10 mᵃ 3 ℥ 22 ʒ 5 gr.

1/12	88 mᵃ 6 ℥ 21 ʒ 16 gr. à 1 ʒ 10 gr. de fin.
1/4	7 mᵃ 3 ℥ 5 ʒ 19 gr. 8 pr.
1/2	1 mᵃ 6 ℥ 19 ʒ 10 gr. 20 pr.
1/3	mᵃ 7 ℥ 9 ʒ 17 gr. 10 pr.
	mᵃ 2 ℥ 11 ʒ 5 gr. 19 pr. 8 secondes.
Fin,	10 mᵃ 3 ℥ 22 ʒ 5 gr. 9 pr. 8 secondes.

Alia-

Aliage de trois lingots de billon differens de titre & de poids, pour les fondre ensemble & en faire vne masse, pour sçauoir en quel titre de deniers de fin sera ladite masse, pour puis apres faire monnoyer les especes qu'on voudra.

PResvpposant qu'vn maistre de monnoye a trois lingots de billõ, le premier au titre de 8 ℔ 12 grains, pesant 9 marcs 6 onces 8 ℔. Le second à 7 ℔ 15 grains ½ pesant 7 marcs 5 onces 17 ℔. Et le tiers au titre de 6 ℔ 18 grains, pesant 8 marcs 3 onces 19 ℔, lesquels il veut fondre ensemble. Pour sçauoir combien de fin tiendra le marc de la masse desdits trois lingots : pour ce faire au plus facile & bref, faut reduire premierement en ℔ les poids de chacun desdits trois lingots, les mettant chacun à part. Puis venir à multiplier les ℔ d'vn chacun mis à part par les demis grains du titre de chacun lingot : puis adiouster les trois produits desdites multiplications, & en viendra 1 8 3 7 7 1 5 demi grains, nombre à partir, qu'il faut laisser à part pour venir à trouuer son partiteur en ceste sorte, à sçauoir adiouster ensemble les trois produits des ℔ prouenus du poids desdits trois lingots, qui feront 4 9 8 8 ℔, qu'il faut reduire en demis, en multipliant par 2 & en viendra 9 9 7 6 pour partiteur du nombre susdit mis à part, & de la partition en viendra 1 8 4 grains, lesquels faut reduire en ℔, en partissant par 2 4 & en viendra 7 ℔ 1 6 grains, qu'il faut laisser à part pour venir à reduire en huictiemes de grains le restant de la premiere partition : puis partir par ledit partiteur, & en viendra ⅛ Tellement que pour la conclusion dudit aliage, lesdits trois lingots estans fondus ensemble, le marc de la masse tiendra de fin 7 ℔ 1 6 grains ⅛ de grain, qui sont trois primes.

Autre sorte d'aliage d'vn argent de billon de bas titre en vn plus haut, en prenant vne portion du mesme billon pour l'affiner : pour puis apres adiouster le fin qui en prouiendra auec l'autre portion qui restera du billon, pour le rendre au titre qu'on demande.

PResvpposant qu'vn orfeure a vn lingot d'argent de billon au titre de 8 ℔ 12 grains, pesant 5 marcs 6 onces 18 ℔, duquel lingot il en veut faire quelque besongne qui soit au titre de 11 ℔ 12 grains, comme est l'ordonnance, à moins de dechet qu'il se pourra

faire : mais par ce qu'il n'a point d'autre argent plus fin que celuy de
son lingot,il en voudroit prendre vne portion , puis l'affiner, & adiouster le fin qui en prouiendra auec l'autre portion restante de son
lingot,pour le rendre audit titre de 11 ℥ 12 grains. La demande est
de sçauoir quelle portion faut qu'il prenne de sondit lingot,& combien ledit lingot pesera estant mis audit titre. Pour ce faire faut premierement dire par regle de trois:Sy 11 ℥ 12 grains de fin,donne de
poids les 5 marcs 6 onces 18 ℥, combien les 8 ℥ 12 grains. Pratiquant ceste regle suiuant son stile, on trouuera 8 2 9 ℥ 7 grains,
qu'il faut soubstraire des ℥ qui seront prouenus dudit lingot, & restera 2 9 2 ℥ 17 grains,qu'il faut laisser à part , pour venir à regarder
la differéce des 8 ℥ 12 grains titre du lingot,aux 12 ℥ de fin,& on
trouuera 3 ℥ 12 grains de different : puis dire par regle de trois, Sy
3 ℥ 12 grains donnent les 2 9 2 ℥ 17 grains mis à part, cōbien donneront les 12 ℥ de fin.Pratiquant ceste regle suiuát son stile on trouuera 5 marcs 1 once 19 ℥ 13 grains. Et telle portion faudra prendre dudit lingot laquelle sera tousiours d'vn mesme titre de 8 ℥ 12
gr.lequel poids de ladite portion il faudra affiner à 12 ℥ de fin, &
il en viendra 3 marcs 5 onces 14 ℥ 20 grains 5 primes : & autant
ladite portion tiendra de fin : lequel fin faut laisser à part pour venir
à trouuer l'autre portion qui reste dudit lingot, en soubstrayant les
5 marcs 1 ℥ 19 ℥ 13 grains des 5 marcs 6 ℥ 18 ℥ du poids dudit
lingot,& restera 4 ℥ 2 2 ℥ 11 grains pour l'autre portion,à laquelle faut adiouster les 3 marcs 5 ℥ 14 ℥ 20 grains 5 primes dudit
fin mis à part,& en viendra 4 marcs 2 onces 13 ℥ 7 grains 5 primes,
& autant tiendra de poids ledit lingot,& sera argent au titre de 11 ℥
12 grains.Auquel l'orfeure veut trauailler.

Declaration de la preuue de l'aliage susdit.

POVR faire la preuue de l'aliage susdit faut reprendre le poids
dudit lingot de Billon,qui est de 5 marcs 6 onces 18 ℥ au titre de 8 ℥ 12 grains,& l'affiner à 12 ℥,& on trouuera 4 marcs 1 ℥
2 ℥ 18 grains fin,lequel faut allier à 11 ℥ 12 grains, en le chargeaht
d'aloy,

d'alloy, faifant la regle dudit aliage du moyen dit cy deuant à d'autres de femblable fuiet, & on trouuera qu'il en faudra prendre 1 ℥
10 ℈ 13 grains dudit alloy, pour l'adioufter auec les 4 mars 1 ℥ 2 ℈
18 gr. de fin, qui prouiendra du fin de 5 marcs 6 ℥ 18 ℈, & on trouuera 4 m³ 2 ℥ 13 ℈ 7 gr. argent au titre de 11 ℈ 12 gr. qui eft le femblable
poids prouenu par le calcul de l'aliage fufdit, qui eft la vraye preuue.

REGLE DES ALIAGES
DE L'OR.

Et premierement d'alier vn or de haut titre à vn plus bas, en y adiouftant d'vn autre
or de plus bas titre, pour en faire monnoyer des ☆V̶ fol de 60 ℈ ₹ piece.

PRESVPPOSANT qu'vn maiftre de monnoye ha vn lingot
pefant 10 marcs 6 onces 15 ℈ 17 grains or au titre de 23 carats & ½ duquel il veut faire des ☆V̶ au titre des 22 carats ¾ en
y adiouftant d'vn autre or qui eft au titre de 17 carats ⅛ & veut fçauoir combien il en prendra. Pour ce faire au plus facile & bref, faut
premierement reduire ledit lingot tout en grains, & laiffer à part les
grains de fon produit, pour venir à regarder la difference des 22 carats & ¾ aux 23 carats ½ & on trouuera ¾ qu'il faut mettre en huictiemes, qui font 6 huictiemes, lequel 6 fera multiplieur des grains
mis à part, & laiffer auffi à part le produit de la multiplication pour
venir à regarder le different des 17 carats ⅛ aux 22 carats ¾ & on
trouuera 5 carats & ⅛ lefquels carats faut mettre en huictiemes en y
adiouftant ledit ⅛ & feront 41 pour partiteur de la multiplication
mife à part, & de la partition en viẽdra grains, qu'il faut reduire en ℈,
℥ & m³, & feront 1 m³ 4 ℥ 16 ℈ 8 gr. & autant faudra prendre de l'or
des 17 carats ⅛ pour l'adioufter auecles 10 m³ 6 ℥ 15 ℈ 17 gr. poids dudit lingot, & il en viẽdra 12 m³ 3 ℥ 8 ℈ 1 gr. or à 22 k. ¾ pour en faire
monnoyer ☆V̶, comme eft la demande. Pour faire la preuue de l'aliage fufdit, faut premieremẽt tirer le fin des 12 m³ 3 ℥ 18 ℈ 1 gr. or à 22
carats ¾ & en viẽdra 11 m³ 6 ℥ 3 ℈ 20 gr. de fin qu'il faut laiffer à part
pour venir à tirer le fin defdits 10 m³ 6 ℥ 15 ℈ 17 gr. or à 23 carats
½ poids dudit lingot, & en viendra 10 m³ 4 ℥ 20 ℈ 9 gr. de fin, qu'il
faut laiffer auffi à part pour venir à tirer le fin de 1 m³ 4 ℥ 16 ℈ 8 gr.

V

de l'or de 17 carats $\frac{5}{8}$, & en viendra 1 marc 1 ꝫ 7 ß 11 grains de
fin, qu'il faut adiouſter auec les 10 marcs 4 ꝫ 20 ß 9 grains mis à
part, & en viendra 11 marcs 6 ꝫ 3 ß 20 grains de fin tout ſemblable au premier fin des 12 marcs 3 ꝫ 8 ß 1 grain, & cela denote que l'a-
liage ſuſdit eſt fait comme il appartient.

*Autre aliage d'vn or de bas titre à vn plus haut, en y adiouſtant d'vn autre or enco-
res plus haut, pour en faire quelque eſpece d'or au titre qu'on voudra.*

VN maiſtre de monnoye ha vn lingot d'or du poids de 8 marcs
7 ꝫ 18 ß 16 grains, au titre de 19 carats $\frac{7}{8}$ duquel il veut
faire monnoyer quelques eſpeces au titre de 21 carats $\frac{3}{4}$ en y adiouſtant d'vn autre or au titre de 23 carats $\frac{3}{4}$ & veut ſçauoir combien
il prendra dudit or. Pour ce faire faut reduire tout en grains le poids
dudit lingot, & les laiſſer à part pour venir à regarder la differēce des
19 carats $\frac{7}{8}$ aux 21 carats $\frac{3}{4}$ & en viendra vn carat $\frac{7}{8}$ qui ſont 15 huictiemes pour multiplieur des grains dudit lingot, leſquels grains qui
ſont prouenus de la multiplication faut laiſſer à part pour regar-
der auſſi la difference des 21 carats $\frac{3}{4}$ aux 23 carats $\frac{3}{4}$ & ſera 2 carats qui valent 16 huictiemes, pour partiteur des grains de la multiplication mis à part, & de la partition en viendra grains, qu'il faut reduire en deniers, onces & marcs, & en viendra 8 marcs 3 ꝫ 7 ß
& autant faudra prendre de l'or de 23 carats $\frac{3}{4}$ pour l'adiouſter auec
les 8 marcs 7 ꝫ 18 ß 16 grains, poids dudit lingot, & en viendra 17 marcs 3 ꝫ 1 ß 16 grains or à 21 carat $\frac{3}{4}$ pour en faire
monnoyer les eſpeces comme ledit maiſtre de monnoye demande.
Touchant à la preuue dudit aliage, elle ſe fait du moyen qui a eſté
dit à l'autre aliage precedent.

Aliage d'vn or de haut titre à vn plus bas, en y adiouſtant du cuiure.

PRESVPPOSANT qu'vn maiſtre de mōnoye ha vn lingot peſant
9 mars 4 onces 19 ß 20 grains, d'or au titre de 23 carats $\frac{7}{8}$ duquel il en veut faire quelques eſpeces au titre ce 21 carats $\frac{1}{2}$ en y adiouſtant du cuiure, & veut ſçauoir cōbien il en prēdra pour faire ſon
aliage. Faut premierement reduire tout en grains le poids dudit lingot

got,& le laiſſer à part pour regarder la difference de 21 carats & $\frac{1}{2}$
aux 23 carats $\frac{7}{8}$ & on trouuera 2 carats $\frac{3}{8}$ de different,qui ſont 19 hui
ctiemes pour multiplieur des grains dudit lingot, laquelle multipli-
cation faut laiſſer à part pour venir à reduire en huictiemes les 21 carats $\frac{1}{2}$ en les multipliant par 8, & y adiouſter $\frac{4}{8}$ pour le demi carat,
& en viendra 172 huictiemes pour partiteur de la multiplication
derniere,& de la partition viendra grains, qu'il faut reduire en ₰ &
en onces, & on trouuera 8 ℥ 11 ₰ 16 grains, qu'il faudra prendre de cuiure pour faire ledit aliage pour l'adiouſter auec le poids
dudit lingot, & en viendra 10 marcs 5 ℥ 7 deniers 12 grains, or
au titre de 21 carat $\frac{1}{2}$ comme eſt la demande. Et pour faire la preuue
de l'aliage ſuſdit faut premierement tirer le fin des 10 marcs 5 ℥
7 deniers 12 grains dudit or à 21 carat & $\frac{1}{2}$ & en viendra 9 marcs
4 ℥ 10 ₰ 5 grains de fin, & quelques primes d'auantage lequel
fin faut laiſſer à part pour tirer auſſi le fin des 9 marcs 4 ℥ 19 ₰
20 grains or au titre de 23 carats $\frac{7}{8}$ & en viendra 9 marcs 4 ℥
10 deniers 5 grains de fin, comme aux 10 marcs 5 ℥ 7 deniers
12 grains qui eſt la vraye preuue dudit aliage.

*Aliage de 3 lingots d'or differents de titre & de poids pour les fondre enſemble, pour
ſçauoir à quel titre de carats de fin reuiendra la maſſe de ladite fonte.*

PReſuppoſant qu'vn maiſtre de monoye ha 3 lingots d'or, le premier à 21 carats $\frac{1}{2}$ du poids de 4 marcs 7 ℥ 15 ₰ 12 grains, le
ſecond au titre de 20 carats $\frac{1}{4}$ peſant 6 marcs 5 ℥ 19 ₰ 18 grains,
& le tiers au titre de 19 carats $\frac{1}{8}$ peſant 7 marcs 6 ℥ 12 ₰ 7 grains,
leſquels 3 lingots il veut fondre enſemble pour en faire vne maſſe,&
veut ſçauoir de combien de carats de fin tiendra le marc de ladite
maſſe. Pour ce faire faut premierement reduire en grains le poids
du premier lingot, & le laiſſer à part pour venir à reduire en huictie
mes les 21 carats $\frac{1}{2}$ en multipliant par 8 & adiouſter $\frac{4}{8}$ pour ledit
demi,puis multiplier les grains dudit lingot par les huictiemes de 20
carats $\frac{1}{2}$ en laiſſant à part le produit de la multiplication pour venir
à faire de meſme des poids & titres des autres deux lingots, cela fait

faut adiouſter les trois produits des multiplications des grains multipliez par les huictiemes de carats, & laiſſer à part le produit total
de ladite addition pour nombre à partir: & pour trouuer ſon partiteur faut adiouſter enſemble les grainsdu poids deſdits trois lingots
puis les mettre en huictiemes pour partiteurs dudit nombre à partir,
& en viendra 20 carats, & ſur icelle reſtera 352023 qu'il faut reduire en huictiemes, & le partir par ledit partiteur, & en viendra $\frac{3}{8}$ tel
lement que leſdits trois lingots eſtans fondus enſemble, le marc de
ladite maſſe tiendra 20 carats $\frac{3}{8}$

Autre ſorte d'aliage d'vn or de bas titre de carats à vn plus haut, en prenant vne por-
tion du meſme lingot qu'on a pour l'affiner, pour puis apres eſtant affiné adiou-
ſter ſon fin auec le reſtant du lingot pour rendre le tout au titre
qu'on demande.

P Reſuppoſant qu'vn orfeure auroit vn lingot d'or au titre de 20
carats $\frac{5}{8}$ peſant 4 marcs 5 onces 15 $\mathcal{G}$ 12 grains lequel il veut
mettre en beſongne au titre de 22 carats ſuiuant l'ordonnance à
moins de dechet que faire ſe pourroit, mais pource qu'il n'a point
d'or plus fin que celuy de ſon lingot, il en voudroit prendre vne por
tion dudit lingot pour l'affiner, & adiouſter ſon fin auec l'autre portion reſtante de ſon dit lingot pour le rendre au titre de 22 carats,
auquel il veut trauailler. On demande à reſte raiſon quelle portion
faut qu'il prenne dudit lingot pour l'affiner. Pour pratiquer ledit alia
ge, il faut premieremēt dire par regle de trois, ſi 22 carats de fin donnent de poids 4 marcs 5 $\mathcal{G}$ 15 $\mathcal{G}$ 12 grains, combien les 20 carats $\frac{5}{8}$ Pratiquant ladite regle ſuiuant ſon ſtile, on trouuera que de la
partition en viendra 20328 grains, qu'il faut ſoubſtraire des
21684 grains qu'on trouuera du prouenu du poids dudit lingot,
& le reſtant ſera 1356 grains, qu'il faut laiſſer à part pour venir à regarder la difference de 20 carats $\frac{5}{8}$ titre dudit lingot aux 24 carats
de fin par ſoubſtraction, & on trouuera 3 carats $\frac{3}{8}$ puis faut dire par
regle de trois, ſi 3 carats $\frac{3}{8}$ donnent de poids 1356 grains, combien
les 24 carats. Pratiquant ladite regle ſuiuant ſon ſtile, on trouuera que du produit total en viendra 2 marcs 17 $\mathcal{G}$ 18 grains, qui eſt
la por-

la portion qu'il faut prendre dudit lingot,& sera tousiours audit titre de 20 carats ⅛ laquelle portion faut affiner à 24 carats, & en
viendra 1 marc 6 ℥ 9 deniers 6 grains 1 prime d'or fin, lequel fin
faut laisser à part pour venir à chercher l'autre portiõ restante dudit
lingot,en soubstrayant les deux marcs 17 ℈ 18 grains des 4 marcs 5
℥ 15 ℈ 12 grains du poids dudit lingot, & restera 2 marcs 4 ℥
21 ℈ 18 grains , auxquels faut adiouster ledit 1 marc 6 ℥ 9 ℈ 6
grains de fin, de ladite portion, & en viendra 4 marcs 3 ℥ 7 ℈ &
autant reuiendra de poids ledit lingot, & sera au titre de 22 carats,
auquel l'orfeure veut trauailler.

Pour faire la preuue dudit aliage faut premierement tirer le fin
des 4 marcs 5 ℥ 15 ℈ 12 grains dudit or à 20 carats ⅛ & en
viendra 4 marcs 8 ℈ 10 grains de fin, lequel fin faut alier à 22 carats,en y adioustant du cuiure, en patiquant ledit aliage, comme a
esté dit aux autres de semblable subiet, & on trouuera 2 ℥ 22 ℈
14 grains,qu'il faudra mesler de cuiure auec les 4 marcs 8 ℈ 10 gr.
fin,& en viendra les 4 marcs 3 ℥ 7 ℈ or à 22 k, du prouenu de la
demande susdite,qui est la vraye preuue d'icelle.

PResvppossant qu'vn changeur auroit de la vaisselle d'argẽt
doré , & que d'icelle il en auroit fait vn lingot pesant 15 marcs
6 ℥ 12 ℈,que par le rapport de l'essayeur il se trouueroit tenir 10 ℈
18 grains de fin & 1 ℈ 15 grains d'or pour marc, lequel changeur
voudroit vendre ledit lingot à vn maistre de monnoye,& auant que
ce faire veut faire son calcul s'il profitera plus de le vendre au despart
ou sans despart, à sçauoir pour le despart, de vẽdre l'argent fin qui se
trouueroit audit lingot à raison de 19 ℔ 16 ℈ 8 ℈ le marc, & de
l'or à raison de 28 ℔ l'once,& sans despart de vendre ledit lingot a-
uec son or à la raison dite de 19 ℔ 16 ℈ 8 ℈ le marc: & faut noter
que la façon du despart couste 40 ℈ pour marc. Or pour le sçauoir

V 3

au plus bref, ne faut que regarder que montera ledit 1 ℊ 15 grains
de l'or qui se trouue audit lingot à raison de 28 ℔ l'once, & on trouuera 37 ß 11 ℊ pour la valeur dudit or, & pour la façon du despart
qui monte 40 ß pour marc, il faut noter que quand la façon du
despart vaut plus que l'or qui se trouue au lingot qu'on veut vendre, on a meilleur compte de le vendre sans despart que au despart.
Et quand l'or qui se trouue au lingot môte plus que le despart, pour
lors faut vendre ledit lingot au depart: & cela faut noter.

*Traffiq pour plusieurs marchands negotians sur les places des changes, tant en ceste
place de Lyon qu'en autres endroits: auquel traffiq sont contenues plusieurs
belles regles de prendre & bailler argent à change à tant pour 100 pour le
calcul des commissionaires & courretiers. Regles d'escontes, qui est de rabatre le
change de quelques sommes qui se payent auant leur terme, auec quelques remises & traittes de ceste place du change de Lyon à d'autres places.*

PREMIEREMENT à 2 pour 100 combien l'eschan-
ge de 4579 ✲ 16 ß 8 ℊ d'or. Pour ce faire faut prendre
la dixieme partie de la somme, & le quint du dixieme, &
du produit du quint en viendra 91 ✲ 11 ß 11 ℊ d'or
pour la valeur du change de ladite somme, & à 2 & ½ pour 100
pour trouuer le change de 6537 ✲ 15 ß 6 ℊ d'or, ne faut que prendre la dixieme, & le quart du dixieme, qui rendra 163 ✲ 8 ß 10 ℊ
d'or pour ledit change.

Exemple.

$\frac{1}{10}$　　4579 ✲ 16 ß 8 ℊ d'or, à 2 pour 100
$\frac{1}{5}$　　　457 ✲ 19 ß 8 ℊ
Resp.　　91 ✲ 11 ß 11 ℊ $\frac{1}{5}$ d'or.

$\frac{1}{10}$　　6537 ✲ 15 ß 6 ℊ, à 2 & ½ pour 100
$\frac{1}{4}$　　　653 ✲ 15 ß 6 ℊ $\frac{3}{5}$
Resp.　　163 ✲ 8 ß 10 ℊ $\frac{13}{20}$ d'or.

A 8 &

A 8 & ⅓ pour 100 qui eſt au denier 12 pour ſçauoir combien le change de 900 £ 10 ß 6 ʒ. Pour ce faire faut prendre la douzieme, ou bien pour le plus facile prendre le tiers de ladite ſomme, & le quart du tiers, & ledit quart rendra autant que d'auoir pris la douzieme, & à 12 & ½ pour 100 pour ſçauoir le chãge de 4569 ♈ ne faut q̃ prédre la huictieme & en viédra la valeur dudit chãge.

Exemple.

⅓ 900 £ 10 ß 6 ʒ à 8 & ⅓ pour 100
¼ 300 £ 3 ß 6 ʒ
Reſp. 75 £ 0 ß 10 ʒ ½ pour le change.

⅛ 4569 ♈ à 12 & ½ pour 100
Reſp. 571 ♈ 2 ß 6 ʒ d'or pour le change.

A 20 pour 100 faut prendre le quint de la ſomme qui ſera propoſee: A 25 pour 100 le quart: A 16 & ⅔ pour 100 la ſixieme: A 33⅓ pour 100 faut prendre le tiers.

A 3 & ¾ pour 100 pour ſçauoir le change de 3579 ♈ 17 ß 10 ʒ d'or, faut premierement multiplier par 3 ladite ſomme, commençãt aux ʒ venant aux ß & aux ♈, en tenant les ♈ pour 20 ß d'or, comme a eſté dit cy deuant: puis pour les ¾ faut prendre la moitié de ladite ſomme, & la moitié de la moitié, & adiouſter tous ces produits enſemble, & partir le produit de l'addition par 100 au bref, en coupant les deux figures dernieres, comme a eſté fait en pluſieurs exemples cy deuant, & les reſtantes, tant aux ♈, ß, que ʒ, feront la valeur du change de ladite ſomme. Tellement qu'on trouuera 134 ♈ 4 ß 11 ʒ d'or pour le change des 3579 ♈ 17 ß 10 ʒ d'or ſuſdit.

A 1 pour 100 pour ſçauoir le change de 1578 ♈ 18 ß 6 ʒ d'or, faut couper premierement les deux figures dernieres des ♈, les reduiſant en ß, en y adiouſtant les 18 ß, puis en couper les deux fi-

gures dernieres, lefquelles faudra reduire en ß, en y adiouſtāt les 6 ß
de l'exemple, puis en couper les deux figures dernieres pour la fin dudit exemple : & les reſtantes des figures coupees feront 15 ⊽ 15 ß
9 ß d'or pour le change de ladite ſomme, à ladite raiſon de 1 pour
100 Auſſi pour ſçauoir à demi pour 100 combien le courretage
de 3467 ⊽ 17 ß 6 ß d'or, faut prendre la moitié de ladite ſomme, & d'icelle moitié en couper les deux figures dernieres, comme
dit eſt, & les reſtantes feront 17 ⊽ 6 ß 9 ß d'or pour ledit courretage.

Autre regle de change.

53 £ 9 ß 4 ß pour 100 pour quelques auaries ou perte de
marchandiſes ſur vn nauire ou autrement, pour ſçauoir combien portera de perte 754 £ 15 ß 10 ß. Ceſte regle ſe feroit par
regle de trois par ceux qui n'ont pas la pratique des regles breues,
en la couchant ainſi, Sy 100 £ donnent 53 £ 9 ß 4 ß, combien
754 £ 15 ß 10 ß? En la pratiquant ſuiuant ſon ſtile, on trouuera ſa
valeur. Or pour pratiquer ceſte regle au plus bref, faut premieremēt
multiplier les 754 £ pour les 53 £, & pour les 9 ß 4 ß faut prendre pour 5 ß le quart des 754 £, pour 4 ß le quint, & pour 4 ß
la douzieme du produit du quint : & pour les 15 ß 10 ß apres les 754
£, faut prendre pour 10 ß la moitié des 53 £ 9 ß 4 ß. Pour 5 ß la
moitié de la moitié, & pour accommoder les 10 ß faut faire vn emprunt d'vn ß, qui eſt le quint des 5 ß, duquel emprunt faut prendre ledit quint du produit des 5 ß : puis pour leſdits 10 ß faut prendre pour 6 ß la moitié, & pour 4 ß le tiers dudit produit, puis
rayer le produit dudit emprunt pour adiouſter les autres enſemble,
& partir par 100 au bref, en coupant les deux figures dernieres, cōme a eſté dit, & les reſtantes ſera la valeur dudit exemple, qui eſt 403
£ 11 ß 3 ß pour la perte ou auarie des 754 £ 15 ß 10 ß cy deſſus propoſez.

Regle

Regle d'esconte, qui est de payer auant le temps, en rabatant tant pour 100.

RESVPPOSANT qu'vn marchand auroit vendu de la marchandise pour la somme de 4570 ℣ 12 ß 6 g d'or à payer à la fin de trois payements de foire qui sont 9 mois: dudepuis le vendeur fait accord auec l'achepteur que s'il luy veut payer contant ladite somme, qu'il luy fera l'esconte, c'est à dire, qu'il luy rabatra à raison de 2 & ½ pour 100 pour chacun payement, qui reuient à 7 & ½ pour 100 pour les trois payements. La demande est de sçauoir quelle somme l'achepteur doit payer contant, & côbien luy rabattra ledit vendeur pour l'esconte. Pour ce faire au plus facile & bref, faut prémierement adiouster les 7 & ½ auec 100 puis dire par regle de trois, si 107 ℣ ½ ne reuiennent qu'à 100 ℣ combien reuiendront les 4570 ℣ 12 ß 6 g d'or. En pratiquant ceste regle suiuant le stile de ladite regle de trois, on trouuera qu'il en viendra 4251 ℣ 14 ß 10 g d'or, & autant doit payer l'achepteur, & pour sçauoir combien le vendeur luy rabattra pour ledit esconte, faut soubstraire les 4251 ℣ 14 ß 10 g des 4570 ℣ 12 ß 6 g, & le restant sera 318 ℣ 17 ß 8 g d'or.

Exemple.

Sy 107 ℣ ½ ne reuiennêt qu'à 100 ℣ à côb. 4570 ℣ 12 ß 6 g d'or

```
    2                              100 ℣
  ─────                        ───────────
   215                     ½    457000 ℣
                           ¼        50 ℣
                                    12 ℣ 10 g
   *   1                       ───────────
   5 1 3 6 0                    457062 ℣ 10 ß
   1 7 2 6 7 0                  457062 ℣ 10 ß
   9 1 4 1 2 5 | 4251 ℣ 14 ß 10 ───────────
   2 1 5 5 5 5                  914125 ℣
   2 1 2 1
```

4251 ℣ 14 ß 10 d'or que l'achepteur doit payer contant.

```
   160 ℣         1            190 ß        13
   1600          29           190        2280|10 g d'or
  ───────        01           190        2155
   3200 ß        115         ──────        21
                              2280 g
   3200|14 ß
   2155
   21
```

Exemple du restant dudit esconte.

$$4570 \; \underset{\nabla}{\ast} \; 12 \; \beta \; 6 \; \mathcal{S} \text{ d'or}$$
$$4251 \; \underset{\nabla}{\ast} \; 14 \; \beta \; 10 \; \mathcal{S}$$

Reste $318 \; \underset{\nabla}{\ast} \; 17 \; \beta \; 8 \; \mathcal{S}$ d'or qui est l'escôte de ladite regle pour le profit de celuy qui paye auât le terme.

Preuue de ladite regle d'esconte.

PRESVPPOSANT que le vendeur susdit baille à change pour trois payements, à la raison dite de 7 & ½ pour 100 les 4251 $\underset{\nabla}{\ast}$ 14 β 10 $\mathcal{S}$ d'or produits de la regle precedente pour sçauoir si au bout dudit temps il luy sera deu les 4570 $\underset{\nabla}{\ast}$ 12 β 6 $\mathcal{S}$ d'or de la regle precedente. Pour ce faire faut premierement prendre la dixieme des 4251 $\underset{\nabla}{\ast}$ 14 β 10 $\mathcal{S}$ puis la moitié du produit du dixieme, & la moitié de la moitié, en rayant le produit dudit dixieme pour adiouster les autres deux produits auec ladite somme. En ce faisant on trouuera qu'il en viendra les 4570 $\underset{\nabla}{\ast}$ 12 β 6 $\mathcal{S}$ d'or que ledit achepteur deuoit audit vendeur.

Exemple de ladite preuue.

$$\frac{1}{\overset{1}{\underset{2}{0}}}\frac{1}{2} \quad 4251 \; \underset{\nabla}{\ast} \; 14 \; \beta \; 10 \; \mathcal{S} \text{ à } 7\tfrac{1}{2} \text{ pour } 100$$
$$425 \; \underset{\nabla}{\ast} \; 3 \; \beta \; 5 \; \mathcal{S} \; \tfrac{4}{5}$$
$$212 \; \underset{\nabla}{\ast} \; 11 \; \beta \; 8 \; \mathcal{S} \; \tfrac{9}{10}$$
$$106 \; \underset{\nabla}{\ast} \; 5 \; \beta \; 10 \; \mathcal{S} \; \tfrac{9}{20}$$

Ie prens les deux rópu[...] pour 2 $\mathcal{S}$ que i'adioust[...] aux $\mathcal{S}$ de l'exemple.

Res. 4570 $\underset{\nabla}{\ast}$ 12 β 6 $\mathcal{S}$ d'or pour la vraye preuue dudit esconte.

Autrement pour faire le calcul de l'esconte de la regle precedente à la raison dite d[...] 2 & ½ pour 100 pour payement, suyuant l'accord & le parler du vende[...] auec l'achepteur, pour voir la difference & perte qu'il y a pour le vendeur pour n'entendre point l'intention de l'achepteur qui a fait son calcul auant qu[...] rien conclurre auec sondit vendeur.

PRESVPPOSANT que l'achepteur qui deuroit les 4570 $\underset{\nabla}{\ast}$ 12 [...] 6 $\mathcal{S}$ d'or à payer au bout de trois payements de foire, dit à so[...]

ven[...]

vendeur que s'il luy veut faire l'esconte de ladite somme à raison de
2 & ½ pour 100 pour chacun payemēt, & non tout à la fois qu'il le
payera contant:ce que le vēdeur luy accorde, qui est à sa perte pour
estre ignorant au calcul. La demāde est de sçauoir combien ledit a-
chepteur doit payer contant, & cōbien mōtera l'esconte. Pour ce fai
re il se faut seruir des trois regles de trois cōme s'ensuit, disant par la
premiere, Sy 102 ℈ ½ donnent 100 ℈ combien les 4570 ℈ 12 ß
6 ſ d'or. En faisant ceste regle suiuant son stile on trouuera 4459 ℈
2 ß 11 ſ d'or,& quelques ſ restants,chose de peu de valeur,laquel-
le somme faut faire seruir à la seconde regle de trois,disant,si 102 ℈
½ donnent 100 ℈,combien les 4459 ℈ 2 ß 11 ſ.La faisant suiuāt
son stile on trouuera 4350 ℈ 7 ß 9 ſ:& pour la troisieme regle de
trois,disant,sy 102 ℈ ½ donnent 100 ℈,combien les 4350 ℈ 7 ß 9 ſ,
faisant aussi ceste regle suiuant son stile on trouuera 4244 ℈ 5 ß 7 ſ
d'or pour le dernier payement , qui est la somme iuste que l'acheteur doit payer au vendeur. Or pour sçauoir l'escōte de ladite somme faut soubstraire les 4244 ℈ 5 ß 7 ſ des 4570 ℈ 12 ß 6 ſ, &
restera 326 ℈ 6 ß 11 ſ d'or pour ledit esconte au profit de l'acheteur
Or par l'autre regle d'esconte precedente, ledit achepteur deuroit
payer contant à son vendeur 4251 ℈ 14 ß 10 ſ d'or. Tellement qu'il
est apparent qu'il y auoit perte pour ledit achepteur de 7 ℈ 9 ß 4
ſ d'or. Par ainsi il est plus profitable à l'achepteur de faire son calcul
de l'esconte de payement en payement, cōme dit est, que de le faire
tout à la fois , comme a esté fait à l'autre regle precedente , & cela
faut noter.

Vraye instruction de la preuue de la regle d'esconte susdite.

SI quelqu'vn pour n'estre bien entendu aux regles d'esconte
vouloit ignorer que la regle precedente ne fust faite comme
il appartient, faut presupposer de bailler à change pour trois payemens les 4244 ℈ 5 ß 7 ſ d'or prouenus de ladite regle à la raison dite de 2 & ½ pour 100 chacun payemēt, en laissant tousiours les changes auec les sommes principales, & on trouuera que du dernier paye-

ment en viendra iustement les 4570 ⊽ 12 ß 6 ς d'or, de la regle
precedante de laquelle on a fait l'esconte. Or pour pratiquer au plu-
bref ladite preuue, pour les 2 & ½ pour 100, ne faut que prendre la dixieme & le quart du dixieme, en rayant ledit dixieme en adiouftant
toufiours le produit dudit quart auec fa fomme principale.

Exemple.

¹⁄₁₀   4244 ⊽   5 ß   7 ς d'or, à 2 & ½ pour 100 pour payement.
¼   424 ⊽   8 ß   6 ς ⁷⁄₁₀
       106 ⊽   2 ß   1 ς ²⁷⁄₄₀   que i'adioufte pour 1 ς à l'exemple
Ref. 4350 ⊽   7 ß   9 ς   pour le premier payement.
       435 ⊽   0 ß   9 ς ²⁄₅
       108 ⊽   15 ß   2 ς ⁷⁄₂₀   que ie laiffe perdre.
Ref. 4459 ⊽   2 ß 11 ς d'or pour le fecond payement.
       445 ⊽   18 ß   3 ς ½
       111 ⊽   9 ß   6 ς ⁷⁄₈   lefquels ⁷⁄₈ i'adioufte pour 1 ς à l'exéple
Ref. 4570 ⊽   12 ß   6 ς d'or pour le dernier payement, pour la
                          vraye preuue de la demande de
                          l'efconte precedent

Autre regle d'efconte.

Refuppofant qu'vn debteur doit à fon crediteur 1200 ⊽ à
payer dans trois ans, à fçauoir 400 ⊽ par an, dont le debteur
accorde auec fon crediteur de luy payer contant ladite fommé, en
luy faifant l'efconte à raifon de 11 ⊽ pour 100 ⊽ par chacun an.
La demande eft de fçauoir combien ledit debteur payera contant à
fon crediteur. Pour le fçauoir il faut premierement adioufter les 11 ⊽
auec 100 ⊽ & feront 111 ⊽ puis fe feruir de trois regles de trois comme enfuit, dont la premiere fe couche ainfi, fy 111 ⊽ ne reuiennent
qu'à 100 ⊽ à côbien reuiendront les 400 ⊽ du premier payement,
faifant cefte regle fuiuant fon ftile, il en viendra 360 ⊽ 7 ß 3 ς
d'or, laquelle fomme il faut faire feruir à la fecôde regle de trois, difant, fy 111 ⊽ ne reuiennent qu'à 100 ⊽ à côbien reuiendrôt les 360 ⊽
                                                                   7 ß

7 ß 3 ş. Faifant auffi cefte regle fuyuant fon ftile il en viendra 3 2 4 ✱
13 ß pour la feconde regle de trois. Or pour la troifieme faut auffi
dire, fi 111 ✱ ne reuiennent quà 100 ✱ à combien reuiendront les
3 2 4 ✱ 13 ß, la faifant auffi fuyuant fon ftile il en viendra 2 92 ✱ 9
ß 7 ş, qui eft pour la derniere regle de trois, en apres faut adioufter
enfemble les produits defdites trois regles de trois, & il en viendra
977 ✱ 9 ß 10 ş d'or, qui eft la fomme que le debiteur doit payer cõ-
tant à fon crediteur. Or pour veoir le profit qu'il fait, faut fouftraire
ladite fomme de 977 ✱ 9 ß 10 ş d'or des 1200 ✱ & reftera 2 2 2 ✱
19 ß 2 ş d'or, qui eft pour l'efconte & profit dudit debteur

Declaration de la preuue de la regle d'efconte fufdite.

PRefuppofant que les 977 ✱ 9 ß 10 ş d'or de la regle fufdite
foyent baillez à change pour trois ans en trois parties, à la raifon
dite de 11 ✱ pour 100 ✱ par chacun an, en laiffant les changes auec
chacune partie, & faut qu'il en reuienne de chacune d'icelles les 400
✱ qui fe doiuent payer par an de la fufdite regle dont la premiere
partie eft de 360 ✱ 7 ß 3 ş d'or, la feconde de 3 2 4 ✱ 13 ß & la
derniere de 292 ✱ 9 ß 7 ş d'or. Or pour faire le calcul du chãge defdites trois parties à la raifon dite de 11 pour 100 ne faut que prendre
le dixieme du dixieme, & adioufter les deux produits auec la fomme
principale, & en viendra les 400 ✱ qu'on demande de chafcune partie comme fe verra par l'exemple pratiqué cy apres.

Exemple de la preuue de l'efcompte precedent.

$\frac{1}{10}$　360 ✱ 7 ß 3 ş à 11 pour 100 par an

$\frac{1}{10}$　3 6 ✱ 0 ß 8 ş $\frac{7}{10}$ lefquelles deux parties rõpues de ş ie

　3 ✱ 12 ß 0 ş $\frac{87}{100}$ prens pour 1 ş pour l'adioufter auec

R.　400 ✱ 0 ß 0 ş　les autres de l'exẽple, & de mefmes
ie fais des autres rompus de ş qui
font aux exemples qui s'enfuiuent.

$\frac{1}{10}$
$\frac{1}{10}$

324 ₶ 13 ß pour 2 ans à 11 pour 100 par an.

32 ₶ 9 ß 3 d $\frac{3}{5}$

3 ₶ 4 ß 11 d $\frac{4}{25}$

———————

360 ₶ 7 ß 3 d pour vn an.

36 ₶ 0 ß 8 d $\frac{7}{10}$

3 ₶ 12 ß 0 d $\frac{87}{100}$

———————

R. 400 ₶ 0 ß 0 d pour les 2 annees complettes.

292 ₶ 9 ß 7 d pour 3 ans à la raison dite de 11 pour 100

29 ₶ 4 ß 11 d $\frac{1}{2}$

2 ₶ 18 ß 5 d $\frac{19}{20}$

———————

324 ₶ 13 ß 0 d pour vn an.

32 ₶ 9 ß 3 d $\frac{3}{5}$

3 ₶ 4 ß 11 d $\frac{4}{25}$

———————

360 ₶ 7 ß 3 d pour 2 ans.

36 ₶ 0 ß 8 d $\frac{7}{10}$

3 ₶ 12 ß 0 d $\frac{87}{100}$

———————

Res. 400 ₶ pour les trois annees complettes qui est la vraye preuue de la regle de l'escompte precedente.

Aduertissement sur la regle d'esconte.

PLVSIEVRS marchands & autres pour n'estre bien entendus à ceste regle d'esconte, & encores moins à l'arithmetique, font grand erreur & mesconte principalement pour le crediteur, qui doit receuoir, par accord, argent auant le terme, pour raison qu'ils font le calcul d'vn esconte, comme si c'estoit vne somme d'argent baillee à change à tant pour 100 & en ce faisant ils font payer le change au crediteur, de l'argent qu'il ne reçoit pas. Comme par exemple: presupposant qu'vn debiteur deuroit à son crediteur 200 ₶ à payer dans vn an, dont par accord le debiteur veut payer contant ladite somme en luy faisant le rabat qu'on dit l'escôte, à raison de 10 pour 100 & veut sçauoir combien il deuroit payer contant. Or l'ignorât, pour faire ceste regle multiplieroit par 10 les 200 ₶ puis parti-
roit

roit par 1 0 0 en coupant les deux figures dernieres , & trouueroit
2 0 ✳▽ pour l'eſcôte,qu'il rabattroit des 2 0 0 ✳▽,& reſteroit 1 8 0 ✳▽
qu'il diroit qu'il faudroit payer au crediteur : ce qui eſt faux , car en
ce faiſant il luy feroit payer le change de ce qu'il ne reçoit pas.   Or
pour prouuer la fauſſeté,faut preſuppoſer que le crediteur veut bailler les 1 8 0 ✳▽ à change pour vn an , à 1 0 pour 1 0 0 Pour ſçauoir
s'il aura les 2 0 0 ✳▽ au bout dudit an,y côprins le change, faut multiplier les 1 8 0 ✳▽ par 1 0 ✳▽ puis les partir par 1 0 0 & en viédroit
1 8 ✳▽ pour ledit change,qu'il faudroit adiouſter auec les 1 8 0 ✳▽ &
feroyent 1 9 8 ✳▽. Tellement qu'il s'en faudroit 2 ✳▽ pour parfaire
la ſomme des 2 0 0 ✳▽ qu'il deuroit auoir,ſi le premier calcul dudit
eſconte euſt eſté bien fait. Par ainſi il eſt apparent que le moyen ſuſdit de faire l'eſconte n'eſt pas comme il appartient: dont pour le faire au iuſte faut proceder du moyen qui a eſté dit cy deuant en pluſieurs regles dudit eſconte : C'eſt que de ladite ſomme de 2 0 0 ✳▽
pour en faire le rabat qu'on dit l'eſconte, à la raiſon dite de 1 0 pour
1 0 0,faut adiouſter les 1 0 auec les 1 0 0 Puis dire par regle de trois,
Sy 1 1 0 ✳▽ ne reuiennent qu'à 1 0 0 ✳▽, à combien reuiendront les
2 0 0 ✳▽, faiſant ceſte regle ſuyuant le ſtile de la regle de trois, il en
viendra iuſtement 1 8 1 ✳▽ 4 9 ß 1 ʒ $\frac{1}{11}$ fʒ, qui eſt 1 ✳▽ 4 9 ß 1 ʒ
de plus que de l'autre maniere ſuſdite de faire ledit eſconte faux : &
par ainſi le debiteur fait payer le change iuſtemét de ce que ſon crediteur reçoit. Et pour faire la preuue dudit eſconte,faut preſuppoſer
que le crediteur bailleroit à châge pour vn an ladite ſomme à la raiſon dite de 1 0 pour 1 0 0 pour auoir au bout dudit an les 2 0 0 ✳▽,
y comprins le change.Or pour faire ladite preuue, ne faut qu'adiouſter la dixieme à ladite ſomme de 1 8 1 ✳▽ 4 9 ß 1 ʒ & $\frac{1}{11}$ & en viédra iuſtement leſdits 2 0 0 ✳▽,qui denote que ladite regle d'eſconte eſt faite comme il appartient:& cela faut noter.

Exemple pour la preuue certaine de la regle de l'eſconte ſuſdit.

$$\begin{array}{l} \phantom{\tfrac{1}{10}\ \ 181}1 0 ^{\cdot} 9\ ß\ 1 0 ^{\cdot} 9\ ʒ \end{array}$$

$\frac{1}{10}$ 1 8 1 ✳▽ 4 9 ß 1 ʒ $\frac{1}{11}$ fʒ,à 1 0 pour 1 0 0

  1 8 ✳▽ 1 0 ß 1 0 ʒ $\frac{10}{11}$

R. 2 0 0 ✳▽ 0 ß 0 ʒ pour la vraye preuue de l'eſcôte ſuſdit.

Traittes & remifes de change de quelques places correſpondantes à la
place du change de Lyon.

Reſuppoſant qu'vn marchand d'Anuers doit à vn marchand de
Lyon 1216 £ 11 ß 3 ſ de gros, lequel marchand de Lyon
prend ladite ſomme à change à 114 ſ de gros ½ pour ⊽. La demãde eſt de ſçauoir de combien d'eſcus luy ſera faite lettre de change.
Pour le ſçauoir faut dire par regle de trois, Sy 114 ſ de gros ½ donnent 1 ⊽, combien les 1216 £ 11 ß 3 ſ de gros, la £ de gros de
20 ß, & le ß de 12 ſ de gros. En faiſant ceſte regle ſuiuant ſon ſtile, il en viendra 2550 ⊽ d'or ſol, & d'autant faut que ſoit la lettre de
change pour Anuers.   Pour faire la preuue de ladite regle, & ſçauoir ſi les 2550 ⊽ à 114 ſ de gros & ½ pour ⊽ reuiendront aux
1216 £ 11 ß 3 ſ de gros, faut multiplier ladite ſomme des ⊽ par
les 114 ſ de gros, puis prendre la moitié de ladite ſomme, pour raiſon du demi ſ de gros: & adiouſter le produit de la moitié auec celuy de la multiplication, & en viendra ſ de gros, qu'il faut reduire
en £ de gros, comme ſi c'eſtoyent ſ ß à reduire en £ ß, & en viẽdra les 1216 £ 11 ß 3 ſ de gros.

Remiſe de Lyon à Milan auec ſon retour.

VN marchand de Lyon remet à Milan à ſon commiſſionaire
450 ⊽ 10 ß 6 ſ d'or, pour payer à Milan 125 ß 7 ſ ½ imperiaux pour ⊽, ledit marchand de Lyon veut ſçauoir de combien
ſera debiteur ſon commiſſionaire de Milan. Faut noter que les eſcri-
tures ſe tiennẽt audit Milan par £, ß, & ſ imperiaux; la £ de 20 ß
& le ß de 12 ſ. Auſſi faut noter que les commiſſionaires prenent
vn tiers pour 100 pour leur prouiſion. Or donc pour ſçauoir de
combien ſera debiteur ledit commiſſionaire. Pour ce faire au plus
facile, faut multiplier les 450 ⊽ par les 125 ß, & pour les 7 ſ ½ faut
prendre pour les 6 ſ la moitié des 450 ⊽, pour 1 ſ la ſixieme de
la moitié, & pour vn demi ſ la moitié du ſixieme, tenant les produits pour ß & ſ, & pour les 10 ß 6 ſ d'or, faut prendre la moitié des 125 ß 7 ſ ½ la dixieme de la moitié, & la moitié du dixieme,

mé,en rayant ledit dixieme , pour adiouſter tous les autres produits
enſemble,& en viendra ℔ & ſ Imperiaux,qu'il faut reduire en £,
& en viendra 2 8 2 9 £ 17 ℔ 2 ſ Imperiaux,de laquelle ſomme en
faut tirer la prouiſiõ à la raiſon dite d'vn tiers pour 1 0 0 & on trouuera 9 £ 8 ℔ 7 ſ Imperiaux pour ladite prouiſion , laquelle faut
ſoubſtraire des 2 8 2 9 £ 17 ℔ 2 ſ,& reſtera 2 8 2 0 £ 8 ℔ 7 ſ Im-
periaux.Et d'autant ſera debiteur ledit cõmiſſionaire de Milan pour
raiſon de ladite remiſe.

Retour de ladite remiſe de Milan à Lyon.

LE commiſſionaire de Milan qui ſe trouue debiteur des 2 8 2 0
£ 8 ℔ 7 ſ Imperiaux de la remiſe ſuſdite, baille ladite ſomme à change audit Milan pour Lyon à raiſon de 1 2 6 ℔ 9 ſ & ¼ Imperiaux pour ⚹ d'or ſol. La demande eſt de ſçauoir de combien
d'eſcus doit eſtre la lettre de chãge pour ledit Lyon. Pour le ſçauoir
faut figurer vne regle de trois en ceſte ſorte,diſant,Sy 1 2 6 ℔ 9 ſ ¼
Imperiaux donnent 1 ⚹ d'or ſol,combien les 2 8 2 0 £ 8 ℔ 7 ſ Imperiaux? pratiquant ceſte regle ſuiuant le ſtile de la regle de trois, il
en viendra 4 4 4 ⚹ 19 ℔ 3 ſ d'or,& d'autant ſera ladite lettre de
change pour Lyon.Tellement qu'il eſt apparent que le marchãd de
Lyon pert ſur ladite remiſe 5 ⚹ 11 ℔ 3 ſ d'or.

Traitte de Lyon à Veniſe auec ſon retour.

VN marchand à Lyon prend à chãge pour Veniſe 2 5 4 5 ⚹ 1 0 ℔
d'or qu'il tire par lettre de change à vn ſien commettãt à payer
audit Veniſe à raiſon de 1 2 3 ducats & ¼ pour 1 0 0 ⚹ d'or ſol. La
demande eſt de ſçauoir de combien de ducats & gros ſera debiteur
ledit marchand de Lyon audit Veniſe, auec la prouiſion d'vn tiers
pour 1 0 0. Il faut noter que le ducat vaut audit Veniſe 2 4 gros.
Pour pratiquer ceſte demande au plus facile & bref, faut premieremẽt multiplier les 2 5 4 5 ⚹ par 1 2 3 ducats,& pour ledit quart faut
prendre le quart des 2 5 4 5 ⚹, tenant chacũ quart reſtant ſur la derniere figure des ⚹ pour 5 ℔ d'or:& pour les 1 0 ℔ d'auãtage apres

Y

ladite fomme des ✱V̶ faut prendre la moitié des 123 ducats & ¼ figurant à l'exemple 5 ß pour ledit quart, puis adioufter tous ces produits enfemble comme fi c'eftoyent ✱V̶, ß & ₰ d'or, l'efcu de 20 ß,
le ß de 12 ₰ d'or, & en viendra 313732 ✱V̶ 17 ß 6 ₰ d'or, lefquels ✱V̶ faut tenir pour autant de ducats les laiffant à part pour venir à reduire en gros lefdits 17 ß 6 ₰ en prenant trois fois la moitié l'vne de l'autre des 24 gros valeur du ducat, pour puis adioufter les produits defdites trois moitiez, & feront 21 gros, qu'il faut
laiffer à part pour venir à partir par 100 ladite fomme d'efcus, la
tenant pour autant de ducats comme dit eft. Et pour partir par 100
au plus bref, ne faut que couper les deux figures dernieres, qui font
32 ducats, lefquels faut reduire en gros en les multipliat par 24 gros
& à la multiplication adioufter les 21 gros qui ont efté mis à part,
& en viendra 789 gros, defquels en faut auffi couper les deux figures dernieres qui font 89 & reftera 7 gros, que ie prens pour 8 gros
pour raifon des 89 gros qui font lefdites deux figures coupees qui
font à partir par 100 defquelles ne s'en faut que 11 gros que ne reuiennent audit 100. Pour cefte raifon ie prens vn gros d'auantage
& l'adioufte auec lefdits 7 gros, & en procedant comme dit eft, de
couper les deux figures dernieres tant de la fomme des ducats que
des gros, les reftantes feront 3137 ducats & 8 gros, de laquelle fomme en faut prendre vn tiers pour 100 pour raifon de la prouifion,
& en viendra 10 ducats 11 gros pour ladite prouifion qu'il faut adioufter auec les 3137 ducats 8 gros, & feront 3147 ducats 19 gros:
& d'autant ledit commettant tiendra debiteur à Venife ledit marchand de Lyon pour raifon de ladite traicte, lequel cómettant pour
fe preualoir des 3147 ducats 19 gros il les prêt à change audit Venife
à raifon de 121 ducats & ⅔ pour faire payer à Lyon 100 ✱V̶ d'or fol. La
demande eft de fçauoir de combien d'efcus fera la lettre de change
du retour de Venife à Lyon. Or pour ce faire faut dire par regle de
trois. Sy 121 ducats 16 gros que ie figure pour les ⅔ de ducat donnent 100 ✱V̶ d'or fol de 20 ß d'or combien les 3147 ducats 19 gros
ledit ducat de 24 gros comme dit eft. En pratiquant cefte regle fuiuant le ftile de la regle de trois on trouuera qu'il en viendra 2587 ✱V̶
4 ß

4 ß 6 ʒ d'or. Et dautant ledit commettant doit faire la lettre de change à celuy de Venise, de qui il prend argent pour la tirer audit marchand de Lyon pour se preualoir des 2545 ✳⟟ 10 ß d'or que celuy de Lyon luy auoit tiré. Tellemēt qu'il se trouuera perté pour celuy de Lyon de 41 ✳⟟ 14 ß 6 ʒ d'or, & faut noter le moyen de ladite traite auec son retour ensemble les autres traites & remises preceden tes pour s'en seruir à d'autres de semblable suiet combien que les sommes & les prix des changes soient differens.

Trafiques tant pour les marchands de bledz & boulangers pour la vente & achept des bledz qui se fait dans Lyon que pour la police du cuisage de trois sortes de pain qui se vendent ordinairement audit Lyon & Paris.

PRemierement presupposant qu'vn marchand de Lyon à ache té d'vn marchand de Bourgongne 350 asnées de bled à raison de 31 ß 6 ʒ le bichet. Pour sçauoir combien montera ledit bled. Pour le plus facile sans aller chercher autre breueté. Faut premierement reduire en bichets les 350 asnées en les multipliant par six bichets valeur de l'asnée, & les bichets qui en prouiendront les multiplier par les 31 ß, & pour les 6 ʒ dauantage faut prēdre la moitié desdits bichets, puis adiouster les deux produits ensemble, & en viendra ß. qu'il faut premierement reduire en £ en apres en ✳⟟ en prenant le tiers comme a esté dit cy deuant: & en viendra 1102 ✳⟟ 30 ß ʒ & autant vaudront lesdites 350 asnées de bled.

VN boulanger à achepté 15 asnées de bled à raison de 33 ß 6 ʒ le bichet, pour sçauoir combien ils valent, faut premierement reduire en bichets lesdites 15 asnées, en multipliant par 6 bichets & ½ valeur de l'asnée, & des bichets qui en viendront les faut multiplier par 33 ß 6 ʒ, & en viendra la valeur desdites 15 asnées, qui est 163 £ 6 ß 3 ʒ ʒ.

Autres regles d'achets de quatre sortes de grains.

VN marchand à de quatre sortes de grains, à sçauoir 10 asnées de bled froment, qui vaut 9 £ l'asnée, 5 asnées de seigle à 7 £

1 0 ß l'afnée, 3 afnées d'orge à 5 ₤ 6 ß 8 ₰ l'afnée, & 2 afnées de Veffe
à 3 ₤ 1 2 ß l'afnée, lefquelles quatre fortes de grains il veut mefler
enfemble, & veut fçauoir à côbien reuiendra l'afnée dudit meflange.
Pour ce faire faut premierement regarder que fe monte chacune for
te de grain à part : puis faut adioufter enfemble leur valeur, & en viêdra 1 5 0 ₤ 1 4 ß pour la valeur defdites quatre fortes de grain, que
pour fçauoir à combien reuiendra l'afnée fuiuant la demande, faut
adioufter enfemble lefdites quatre fortes de grains, & feront 2 0 afnées : puis dire par regle de trois, fy 20 afnées valent les 1 5 0 ₤ 1 4 ß,
combien l'afnée. Pour ce faire au plus bref, ne faut que prendre la dixieme partie des 1 5 0 ₤ 1 4 ß, & la moitié du dixieme, & de ladite
moitié en viendra 7 ₤ 1 0 ß 8 ₰ pour la valeur de ladite afnée.

Exemple.

1 0 afnées froment, à	9 ₤ l'afnée ——————	9 0 ₤
5 afnées feigle à	7 ₤ 1 0 ß l'afnée —————	3 7 ₤ 1 0 ß
3 afnées d'orge, à	5 ₤ 6 ß 8 ₰ l'afnée ——	1 6 ₤ 0 ß
2 afnées veffe à	3 ₤ 1 2 ß l'afnée ————	7 ₤ 4 ß
2 0 afnées		1 5 0 ₤ 1 4 ß

Sy 2 0 afnées couftent 1 5 0 ₤ 1 4 ß, combien l'afnée

1 5 ₤ 1 ß 4 ₰ $\frac{4}{5}$

Refponfe 7 ₤ 1 0 ß 8 ₰ $\frac{2}{5}$ chofe de peu de valeur.

Enfuit le moyen de trouuer le poids du pain blanc d'vn ß pefant 1 ℔ quand le
bichet de bled eft hauffé de prix fuyuant le premier achapt.

R E S V P P O S A N T que le bichet de bled froment auroit coufté par cy deuant 35 ß 6 ₰, & pour lors le pain blâc
d'vn ß pefoit 1 ℔, qui eft 16 ꝏ pour fçauoir à prefent que
le bichet coufte 40 ß, combien doit pefer ledit pain d'vn
ß faut dire par regle de trois, fy 4 0 ß donnent de poids 16 ꝏ, com
biê les 35 ß 6 ₰, en faifant cefte regle fuiuât le ftile de la regle de trois
on trouuera que ledit pain d'vn ß ne doit pefer que 1 4 ꝏ 4 ₰ 1 9 gr.

Pour

Pour trouuer le poids du pain ferain de 6 blancs, suiuant le prix du
bichet de bled.

SIlors que le bled valoit 31 ß le pain de 6 blancs pesoit 4 ₶
10 ȝ, à present que le bled ne vaut que 28 ß ₲ le bichet, combié
doit peser ledit pain de 6 blancs. Faut dire par regle de trois, sy 28 ß
donnent de poids les 4 ₶ 10 ȝ, combien les 32 ß, faisant ceste regle
suiuant son stile, & on trouuera que ledit pain de six blancs doit peser 5 ₶ 4 ȝ 13 ß 17 grains, & bon poids.

Pour trouuer le prix de la ₶ du pain, suiuant la valeur de la ₶ dudit pain
& prix du bichet de bled.

SIle bichet de bled couste 30 ß, & le pain brun se vend 6 ß la ₶
on demande à ceste raison quand le bichet de bled ne coustera
que 27 ß, combien doit on vendre la ₶ du pain brun. Faut dire par
regle de trois, sy 30 ß donnent 6 ß, combien 27 ß, la faisant suiuant
son stile, il en viendra 5 ß, & 12 ß à partir à 30, qui est chose de peu
de valeur, qui ne se peut mettre en compte & autant vaudra ladite
₶ dudit pain brun.

Autre regle pour trouuer le prix du pain suiuant la valeur du bled.

PResuppofant qu'à Paris le septier du bled couste 8 ₶ 18 ß, & que
le Boulanger vẽd le pain de chapitre 8 ß la piece du poids de 10
ȝ, si le septier coustoit 12 ₶ 15 ß, combien deuroit il vendre ledit pain? Faut dire par regle de trois, sy 8 ₶ 18 ß donnent 8 ß, com-
12 ₶ 15 ß faisant ceste regle suiuant son stile il en viendra 11 ß &
82 ß restans à partir au partiteur de la regle, chose de peu de valeur,
dont ledit boulanger peut prendre ledit restant pour vne maile, qui
est vn demi denier. Tellemẽt que ledit pain de chapitre faut qu'il se
vendẽ 11 ß & maille, suiuant le premier prix dudit pain & septier
de bled.

Regles pour les impositions des tailles.

P Resuppoſant que le Roy à fait faire vne leuée d'vn milion 153
mille 260 ₶ ſur ſon Royaume, dont le pays de Normandie en
paye pour ſa part & cottiſation 9550 ₶. Pour ſçauoir au prorata
de ladite cotiſation ſi ſa Majeſté impoſant vne creuë de 52 mille ₶
ſur ſondit royaume, combien payera ledit pays de Normandie. Pour
le ſçauoir il conuient proceder en ceſte ſorte, c'eſt de former vne regle de trois, ainſi, ſy 1153260 ₶ dõnent 9550 ₶ combien donneront les 52000 ₶. En pratiquant ladite regle ſuiuant ſon ſtile, on trou
uera que ledit pays de Normandie doit payer 430 ₶ 36 ß 3 ʃ ꝼ.

Autre impoſition des tailles.

LE Roy mande d'impoſer 4500 ₶ ſur le pays du Lyonnois au
feur de 15418 ₶ que ſe monte la grand taille vieille de l'année
precedente: on demande à ceſte raiſon combien faut que les
eſleus de ſa Majeſté audit pays de Lyõnois impoſent pour ₶, ß & ʃ à
l'equipolent de ladite impoſitiõ, à celle fin d'enuoyer leurs commis
es paroiſſes contribuables à ladite election pour eux faire payer
de chacune paroiſſe ce qui ſera impoſé pour ledit ₶, ß & ʃ,
Pour le ſçauoir il conuient proceder en ceſte maniere, c'eſt de ſe ſeruir des trois regles de trois, & regarder pour la premiere ce qu'õ doit
premierement impoſer pour eſcu de 60 ß ꝼ en formant la regle
ainſi, ſy 15418 ₶ dõnent 4500 ₶, cõbien 1 ₶. En pratiquant ceſte regle ſuiuãt ſon ſtile on trouuera 17 ß 6 ʃ ꝼ, & 1110 briſée de ʃ
de 7709 & autãt faudra impoſer pour eſcu, & pour ſçauoir ce qu'on
doit impoſer pour ß faut dire par la ſecõde regle de trois, ſi 60 ß, dõ
nent les 17 ß 6 ʃ ꝼ & 1110 briſée de deniers de 7709 cõbien don-
nera 1 ß. Faut pratiquer ceſte regle ſuiuãt le ſtile de la regle de trois,
& en viendra 3 ʃ & 3873 briſée de ʃ de 7709 & autant faudra impoſer pour le ß: & pour ſçauoir combien il faudra impoſer pour ʃ
il faut figurer la troiſieme regle de trois ainſi, ſy 12 ʃ donnent les
3 ʃ auec les 3873 briſée de 7709 combien dõnera 1 ʃ, faut auſſi pratiquer ceſte regle ſuiuant ſon ſtile & en viendra $\frac{2250}{7709}$ briſee d'vn ʃ,
&

& autant faudra impoſer pour ledit ſ. Tellement que pour la cõclu-
ſion de ladite impoſition, faudra premierement impoſer pour l'eſcu
17 ß 6 ſ & $\frac{1110}{7709}$ briſée d'vn denier. Pour ß faut impoſer 3 ſ &
$\frac{3873}{7709}$ briſée d'vn denier. Et pour vn denier faut impoſer 2250 briſée de 7709 partie d'vn denier, & cela faut noter.

Reglé de compagnie.

PRESVPPOSANT que trois marchands ont fait vne compagnie enſemble pour vn certain temps, dont le premier auroit mis 3400 £, le ſecond 2500 £, & le tiers 800 £, & au bout
du temps de leur compagnie auroyent trouué de profit 2530 £: on
veut ſçauoir combien ils doiuent auoir chacun dudit profit au prorata de leur argent. Pour ce faire faut premierement adiouſter leſdites trois miſes des trois marchãds, & en viendra 6700 £ pour partiteur de trois reigles de trois qu'il faut faire, les couchant ainſi Sy
6700 £ donnent les 2530 £ de profit, combien les 3400 £: la
ſeconde, Sy 6700 £ donnent les 2530 £, combien 2500 £: & la
tierce, Sy 6700 £ donnent les 2530 £ cõbien 800 £. Pratiquant
ces trois reigles de trois ſuiuant leur ſtile, on trouuera que de la premiere en viendra 1283 £ 17 ß 7 ſ pour la part du profit du premier marchand, & reſtera 2300 ſ: De la ſeconde en viendra 944 £
6 ß 7 ſ pour la part du profit du ſecond marchãd, & reſtera 1100 ſ:
Et de la derniere en viendra 302 £ 1 ß 9 ſ pour la part du profit du
dernier marchand, & reſtera 3300 ſ. Or pour faire la preuue de ladite reigle de compagnie faut adiouſter les trois profits enſemble, en
commençant aux ſ reſtants, & en viendra 6700 ſ, qu'il faut partir par le partiteur deſdites trois reigles de trois, qui eſt de ſemblable
ſomme, & en viédra 1 ſ qu'il faut adiouſter auec les autres ſ de l'e-
xemple venant aux ß & aux £. Tellemét que de l'addition en viendra les 2530 £ dudit profit, & cela denote que ladite reigle de cõ-
pagnie eſt bien faite, de laquelle auec ſa preuue ne figureray l'exemple à l'occaſion de la facilité de ladite inſtruction.

Autre regle de compagnie de deux marchands auec
leur facteur.

RESVPPOSANT que deux marchands font compagnie
auec leur facteur pour vn certain temps, dont le premier
auroit mis 15000 ♃, le second 12500 ♃, & le facteur n'auroit rien
mis que fa perfonne pour negocier de l'argent de fes maiftres, à telle
condition que du profit qui prouiendra de ladite compagnie, le facteur en aura le quart, & le refte fera à partir aufdits deux marchands
felon leurs mifes, tellement qu'à la fin de ladite côpagnie on a trouué de profit 1660 ♃. La demande eft de fçauoir combien doit, premierement auoir le facteur & vn chacun defdits deux marchands.
Pour ce faire faut prendre le quart defdits 1660 ♃, & en viendra
415 ♃ pour le profit dudit facteur, qu'il faut foubftraire des 1660 ♃,
& reftera 1245 ♃ à partir aufdits deux marchands. Or pour fçauoir
combien en doit auoir chacû, faut adioufter lefdites deux mifes enfemble, & feront 27500 ♃. Et en apres faut former deux regles de
trois ainfi, Sy 27500 ♃ donnent 1245 ♃, combien 15000 ♃ mife
du premier marchâd : puis fy 27500 ♃ dônent les 1245 ♃ côbien
12500 ♃ mife du fecôd marchâd. En pratiquât ces deux regles fuiuât
le ftile de la regle de trois on trouuera que de la premiere en viendra
679 ♃ 1 ℔ 9 ℈ d'or & quelques ℈ reftants, chofe de peu de valeur
pour le profit du premier marchand : Et de l'autre regle de trois
en viendra 565 ♃ 18 ℔ 2 ℈ d'or pour le profit du fecond marchand,
auec aufli quelques deniers reftants, chofe de peu de valeur comme
dit eft, dont on ne doit tenir compte. Or pour faire la preuue de ladite regle, faut adioufter le produit du facteur, qui eft 415 ♃, auec lefdites deux fommes de profit defdits deux marchands. En prenant les
reftants pour vn denier pour les adioufter auec les autres de l'exemple de ladite preuue, venant à adioufter les ℔ & les ♃. Et on trouuera que de l'addition en viendra iuftement les 1660 ♃, profit total
de ladite compagnie, qui eft la vraye preuue d'icelle.

S'en-

Enſuiuent pluſieurs belles demãdes qui ſont profitables & treſ-neceſſaires tant pour negotiateurs que autres ayans maniement de deniers. Et premierement vne belle demande des douze cents mille eſcus preſtez à vn Roy par ſes ſubiets.

RESVPPOSANT que les ſuiets d'vn Roy luy auroyent preſté douze cents mil ꝝ ſans profit aucun, à les rendre à ſa volonté. Or il auroit eſté conſeillé à ſa Majeſté, que s'il les bailloit à vn Bãquier au denier 12 qu'il en tireroit de profit cent mil eſcus par an. Toutesfois pour ne ſe deſaiſir point de toute ladite ſomme, que s'il vouloit bailler audit Bãquier 25 mil eſcus, qui eſt le quart de 100 mil eſcus, les baillant de quartier en quartier au ß 12 & les laiſſant entre ſes mains auec leur intereſt, que dedans quelque temps leſdits 25 mil eſcus, luy reuiendroyēt à la ſomme principale de 12 cents mil eſcus, pour en faire le rembourſement à ſeſdits ſubiets. Outre il ſe trouueroit auoir profité quelque ſomme d'eſcus dauantage. Lon demande en combien de temps iuſtement leſdits 25 mil eſcus baillez de quartier en quartier auec leur intereſt, comme dit eſt, reuiendroyēt à ladite ſomme de 12 cents mil eſcus, & cõbien ſa Majeſté ſe trouuera de profit. Pour proceder à ceſte demande, il eſt à noter qu'à la raiſon du denier 12 c'eſt iuſtemēt 8 & $\frac{1}{3}$ pour 100 de ſorte que pour faire ledit calcul au plus bref, faut prendre la huictieme deſdits 25090 ꝝ & la ſixieme de ſon produit & effacer ledit huictieme, & dudit ſixieme en viēdra 520 ꝝ 16 ß 8 ℊ d'or pour l'intereſt du premier quartier qu'il faut adiouſter auec les 25000 ꝝ & ſerõt 25520 ꝝ 16 ß 8 ℊ d'or principal & intereſt q̃ ledit Bãquier deuroit pour ledit premier quartier, à laquelle ſomme faut adiouſter 25000 ꝝ q̃ ſa Majeſté bailleroit audit Bãquier pour le ſecõd quartier & feront 50520 ꝝ 16 ß 8 ℊ d'or, ainſi faudroit cõtinuer de proceder comme deſſus de quartier en quartier iuſques à 8 ans & vn quartier, & on trouuera qu'il en viēdra 1194054 ꝝ 14 ß 5 ℊ d'or, qui eſt le principal & intereſt deſdits 8 ans & vn quartier, dont il s'en faut 5945 ꝝ 5 ß 7 ℊ d'or pour faire le complement des 12 cent mil eſcus de ladite demande. En laiſſant ladite ſomme au Banquier pour vn quartier, ſon intereſt auec ladite ſomme principale mon-

teroit plus de douze cent mil escus. Or donc pour faire le compte
iuste suiuant la demande, faut proceder comme s'ensuit, de prendre
premierement le quart des 8 ⚹ ⅓ & en viendra 2 ⚹ 1/12 Puis dire par
vne regle de trois, Sy 1 0 0 ⚹ donnent les 2 ⚹ 1/12 côbien les 1194054
⚹ 14 ß 5 ʒ d'or, en pratiquant ceste regle suiuant le stile de la regle
de trois, il en viendra 24876 ⚹ 2 ß 1 0 ʒ d'or. Puis faut tourner faire vne autre regle de trois, disant. Sy 24876 ⚹ 2 ß 1 0 ʒ donnent 3
mois, combien les 5945 ⚹ 5 ß 7 ʒ. Pratiquant ceste regle suiuant
son stile on trouuera 2 1 Iours & quelques restants sur la partition de
la regle de trois chose de peu de valeur. Tellement que lesdits 5 9 4 5
⚹ 5 ß 7 ʒ qu'il s'en failloit pour faire le complement desdits douze cent mil escus demeureroit 21 iours à estre gaignez, lesquels 2 1
iours faut adiouster auec lesdits 8 ans & vn quartier. Pour lors on
pourra faite responfe que les 2 5 mil escus que sa Majesté auroit bail
lez au banquier de quartier en quartier, côme dit est, demeureroyét
8 ans 3 mois 2 1 Iour à reuenir à ladite somme de douze cent mil
escus pour la rendre à ses subiets. Or pour sçauoir quelle somme d'escus sa Majesté auroit profité pour auoir baillé ainsi les 2 5 mil escus
de quartier en quartier, faut premierement regarder combien de 25
mil escus il a baillé au Banquier ce qui se peut voir en multipliant 25
mil escus par les quartiers de 8 ans & vn quartier, qui font 3 3 quartiers, & on trouuera que de la multiplication en viendra 8 2 5 mil escus qu'il faut soubstraire des douze cent mil escus, & restera 375 mil
escus: & autant auroit profité sa Majesté.

Demande de sçauoir quelle somme d'argent faut mettre en Banque ou à vne
maison de ville pour auoir tous les ans vne certaine rente assignée.

PRESVPPOSANT qu'vn gentil-homme veut auoir 2 0 0 0 ⚹
de rente tous les ans, & veut sçauoir quelle somme d'argent il
faut qu'il baille à vne maison de ville au denier 12 pour auoir
ladite rente. Pour ce faire au plus bref, ne faut qu'adiouster vn zero
d'auantage ausdits 2 0 0 0 ⚹ & en prendre le quint, & l'y adiouster,
& en viendra 2 4 0 0 0 ⚹ qu'il faut qu'il baille à vne maison de ville à

le à ladite raiſon pour auoir les 2 0 0 0 ✲⃥ de rente. Et qui voudroit
faire la preuue pour ſçauoir ſi les 2 4 0 0 0 ✲⃥ à la raiſon du ₰ 12 re
uiendront aux 2 0 0 0 ✲⃥ de rente, pour le plus bref ne faut que
prendre la douzieme de 2 4 0 0 0 ✲⃥, & en viendront leſdits
2 0 0 0 ✲⃥.

Exemple.

2 0 0 0 ✲⃥ de rente au ₰ 12 combien faut de principal.
Ainſi ⅟₂ 2 0 0 0 0 ✲⃥
4 0 0 0
Reſpon. 2 4 0 0 0 ✲⃥ qu'il faut de principal pour auoir ladite rente.

Preuue de l'exemple ſuſdite.

1/12   2 4 0 0 0 ✲⃥ au denier 12 combien de rente.
Reſpoſ. 2 0 0 0 ✲⃥ de rente.

Autre demande dependante de la ſuſdite, pour ſçauoir quelle ſomme d'argent on doit
bailler à vn Banquier à la raiſon du denier 15 pour auoir
1 5 0 0 ✲⃥ de rente.

POur auoir 1 5 0 0 ✲⃥ de rente à la raiſon du denier 15 qui eſt 6
& ⅔ pour 1 0 0 La demande eſt de ſçauoir quelle ſomme d'argent on doit bailler à vn Bãquier. Pour ce faire au plus bref ne faut
qu'adiouſter vn zero d'auantage aux 1 5 0 0 ✲⃥, puis en prendre la
moitié & l'y adiouſter & en viendra 2 2 5 0 0 ✲⃥: & autãt faut qu'il
baille pour auoir ladite rente. Pour faire la preuue deladite regle
pour ſçauoir ſi les 2 2 5 0 0 ✲⃥ à la raiſon du denier 15 donneront
de rente les 1 5 0 0 ✲⃥, Faut prendre le quint de ladite ſomme, & le
tiers du quint, ~~& les adiouſter~~ & en viendra les 1 5 0 0 ✲⃥

Exemple.

1 5 0 0 ✲⃥ de rente au ₰ 15 combien de principal,
ainſy ⅟₂ 1 5 0 0 0
7 5 0 0
Reſponſe 2 2 5 0 0 ✲⃥ qu'il faut de principal. —

Z 2

Preuue de l'exemple fufdit.

$\frac{1}{5}$ 2 2 5 0 0 $\frac{*}{\nabla}$ au ℔ 1 5 combien de rente,

4 5 0 0

Refponfe 1 5 0 0 $\frac{*}{\nabla}$ de la rente fufdite.

Demande fubtile & brefue fur les achepts des toiles en Bretagne.

PRESVPPOSANT qu'vn marchand eftant en Bretagne a-
chepte de fix fortes de toiles qui fe vendent par 1 0 0 à fçauoir
la premiere forte à 2 5 ℔, les 1 0 0 aulnes à 2 6 à 2 7 à 2 8 à 2 9 & à
3 0 ℔ ledit 1 0 0 lequel marchand veut fçauoir à combien reuiendra le 1 0 0 d'aulnes defdites toiles l'vne portant l'autre. Pour ce
faire ne faut qu'adioufter les 2 5 ℔ du premier prix auec les 3 0 ℔
du dernier prix,& feront 5 5 ℔, defquelles en faut prendre la moitié,
& en viendra 2 7 ℔ 1 0 ℔, & autant vaudront les 1 0 0 aulnes defdi
tes toiles l'vne portant l'autre : Et cela faut noter quand le prix fera
ainfi augmété d'vne ℔ à chacun 1 0 0 Mais aduenant que le prix du
1 0 0 fuft different comme de 4 fortes de toiles,à fçauoir à 2 7 ℔ les
1 0 0 aulnes, à 2 9 ℔, à 3 0 ℔ & à 3 2 ℔ ledit 1 0 0 Pour fçauoir
combien vaudroit le 1 0 0 l'vne portant l'autre, faut adioufter lefdits quatre prix,& en viendra 1 1 8 ℔, de laquelle fomme en faut
prédre le quart pource qu'il y a quatre fortes de prix, & dudit quart
en viendra 2 9 ℔ 1 0 ℔: & autant vaudront les 1 0 0 aulnes defdites
toiles l'vne portant l'autre,& le moyen de cefte demáde feruira principalement aux toiles de Hollande qui fe vendent en Flandres par ℔
de gros dont le prix augmente d'vn ℔ de gros chafcune aulne, &
cela faut noter.

Demande fubtile & breue pour les toiles qui fe vendent en Efpagne par far-
deaux, eualuees par ducats, pour trouuer la valeur de la verge mefure d'Efpagne,
en marauadis, à raifon de 3 7 5 marauadis pour ducat, & de 4 5 0 verges pour
fardeau.

POVR fçauoir à quel prix de ducats que foit propofé le fardeau, à
combien reuiendra la verge en marauadis, ne faut que prendre
la fixiefme partie des ducats & la foubftraire, & les reftants feront

ma-

marauadis valeur de la verge. Et pour faire le côtraire & trouuer la valeur des ducats d'vn fardeau suiuant le prix de la verge, ne faut que prendre la cinquieme des marauadis valeur de ladite verge, & l'adiouster auec iceux, & en viendra ducats valeur dudit fardeau: comme le tout se verra pratiqué cy dessoubs par exemple:

A 57 ducats le fardeau, combien de marauadis la verge.
$\frac{1}{6}$　9 marauadis $\frac{1}{2}$
R. 47 marauadis $\frac{1}{2}$ autant vaudra la verge.

Exemple du contraire de ladite demande.

A 47 marauadis $\frac{1}{2}$ la verge, combien de ducats le fardeau.
$\frac{1}{5}$　9 $\frac{1}{2}$
R. 57 ducats autant vaudra le fardeau, côme est proposé cy dessus.

Demande sur la reduction des aulnes d'Anuers en varres mesure de Lisbonne en Portugal, à raison que les 8 aulnes d'Anuers ne valent que 5 varres de Lisbonne.

POVR sçauoir en 123 aulnes $\frac{3}{4}$ d'Anuers combien il y a de varres de Lisbonne. Pour ce faire au plus facile & bref, faut figurer 123 £ 15 ß pour les 123 aulnes $\frac{3}{4}$ puis prendre la moitié de ladite somme, & le quart de la moitié, & adiouster les deux produits ensemble, & il en viendra 77 £ 6 ß 10 ß $\frac{1}{2}$ lesquelles £ faut tenir pour autant de varres, & pour les 6 ß 10 ß, s'il n'y auoit que 6 ß 8 ß, qui est le tiers d'vne £, les faudroit tenir pour le tiers d'vne varre: toutesfois pour 2 ß dauantage on ne laissera de tenir lesdits 6 ß 10 ß pour $\frac{1}{3}$ de varre: par ainsi les 123 aulnes $\frac{3}{4}$ d'Anuers ne valent que 77 varres $\frac{1}{3}$ de Lisbonne. Et qui voudroit faire le contraire qui est de reduire les varres de Lisbône en aulnes d'Anuers, ne faut que prendre les $\frac{3}{5}$ des 77 £ 6 ß 10 ß & $\frac{1}{2}$ & les y adiouster, & en viendra 123 £ 15 ß qu'il faut tenir, pour les 123 aulnes $\frac{3}{4}$ d'Anuers.

Z

Demande sur le prix de l'aulne d'Anuers par ʃ de gros, trouuer la valeur de la varre
de Lisbonne, en res monnoye de Portugal, à raiʃon de 5 res pour vn ʃ
de gros, & de 5 varres meʃure de Lisbonne pour
8 aulnes d'Anuers.

A 28 ʃ de gros ½ l'aulne d'Anuers, pour ʃçauoir combien de res vaut la varre de Lisbóne, ne faut que multiplier par 8 les 28 de gros ½ commençant la multiplication au demi venant aux 28 ʃ de gros, & on trouuera 228 res pour la valeur de ladite varre. Et pour le contraire & trouuer la valeur par ʃ de gros de l'aune d'Anuers ʃuiuant la valeur en res le varre de Lisbonne, ne faut que prendre la huictieme deʃdits 228 res, & en viendra les 28 ʃ de gros & ½ comme le tout ʃe verra pratiqué cy deʃʃoubs par exemple.

Exemple.

A 28 ʃ de gros & ½ l'auſ d'Anuers cóbien de res la varre de Lisbóne
8

---

228 res valeur de la varre.

Le contraire.

A 228 res la varre, combien de ʃ de gros l'aulne d'Anuers.
½/8 R. 28 ʃ de gros ½ valeur de ladite aulne d'Anuers.

Enʃuiuent pluʃieurs belles demandes de ventes de fruicts & achats de maiʃon qui ʃe
font dans Lyon pour argent auancé aux Proprietaires ʃur les louages, le tout auec
conditions.

Demande d'vne vente de fruicts d'vne maiʃon pour neuf ans.

VN proprietaire tire du louage de ʃa maiʃon 1000 £ par an à payer 500 £ de 6 en 6 mois qui ʃont deux demis termes à ʃçauoir à Noel & à la S. Iean. Son Locataire veut achepter les fruicts de ladite maiʃon pour neuf annees pour la ʃomme de 7000 £ qu'il luy payera comptant. Ledit Proprietaire deuant qu'accorder auec ʃon Locataire veut faire ʃon calcul comme enʃuit. Et premierement
ʃça-

sçauoir s'il bailloit à change les 7000 £ pour neuf années à la raison
du dernier douze: qui eſt 8 & $\frac{1}{3}$ pour 1 0 0 par an & laiſſoit les changes de chaſcune année auec ſa ſomme principale à ladite raiſon à
combien luy reuiëdroit ladite ſomme au bout deſdites neuf années
Il veut auſſi ſçauoir s'il bailloit à change pour huiʦt années & demie
les 5 0 0 £ qu'il receuroit de 6 en 6 mois de ſa maiſon à la raiſon
diʦte de 8 & $\frac{1}{3}$ pour 1 0 0 laiſſant auſſi auec ſa ſomme principale les
changes qui en prouiendroyent à combien leſdites 5 0 0 £ baillées
à change de 6 en 6 mois reuiendroyent au bout deſdites huiʦt annees & demie. La demande eſt de ſçauoir laquelle des deux conditions ſeroit plus proffitable audit Proprietaire. Pour pratiquer ceſte
demande faut premierement faire le calcul des 7000 £ pour la premiere année commençante à Noel à l'année 84 & continuant d'annee en année iuſques à l'année 93 qui ſeroit le compliment des neuf
annees faiſant ledit calcul au plus facile & bref, qui eſt de prendre
premierement le tiers deſdites 7000 £ & de ſon produit le quart en
effaçant le produit du tiers, & dudit quart en viendra 5 8 3 £ 6 ß 8 ꝑ
pour le change de ladite ſomme pour ladite premiere année lequel
change il faudroit adiouſter auec les 7000 £ & feront 7 5 8 3 £ 6 ß
8 ꝑ qui ſeroyent deues audit Proprietaire en l'année 85 ainſi faudroit continuer de faire ledit calcul d'année en année. Iuſques à la-
diʦte année 93 qu'il ſe trouuera que celuy qui auroit pris les 7000
£ à change deburoit 1 4 3 8 6 £ 11 ß 1 ꝑ au bout deſdites 9 années
laquelle ſomme faut laiſſer à part pour venir à faire le calcul des
5 0 0 £ que le Propriataire bailleroit à change à chacun demi terme, ainſi qu'il les receuroit, commençant à la S. Iean 85 de bailler les
5 0 0 £ du premier demy terme en continuant iuſques au bout deſdites 8 années & demie. Or pour pratiquer ladite demãde faut prendre la ſixieme des 5 0 0 £ & de ſon produit le quart en rayant le
produit dudit ſixieme, duquel quart en viendroit 20 £ 16 ß 8 ꝑ
qui ſeroit le change des 6 mois deſdites 5 0 0 £ lequel change faudroit adiouſter auec icelles 5 0 0 £ & encores faut adiouſter les autres 5 0 0 £ que ledit Proprietaire receuroit de ſon Locataire à Noel
qu'il bailleroit auſſi à change pour le ſecond demy te━━━━ d'━━

dition en viendroit 1020 £ 16 ß 8 ß qui feroyent deues audit
Proprietaire à Noel 85 ainfi faut continuer de faire de 6 en 6 mois.
Tellement qu'on trouuera que celuy qui auroit pris les 500 £ à
change deburoit 12520 £ 13 ß 1 ß au bout defdites 8 annees &
demie qui finiroyent à Noel 93. Et audit temps ledit Proprietaire
receuroit de fon Locataire les 500 £ pour le dernier demi terme de
fa maifon qui auroit efté tenue par ledit Locataire iuftemēt 9 annees
audit Noel 93 lefquelles 500 £ faudroit adioufter auec lefdites
12520 £ 13 ß 1 ß & feroyent 13020 £ 13 ß 1 ß que ledit Proprietaire fe trouueroit auoir receu f'il euft loué fa maifon pour 9 années & eut baillé l'argent à change de demi en demi terme comme
dit eft. Or pour conclufion il eft apparent que ledit Proprietaire feroit mieux fon profit de receuoir les 7000 £ de la vente des fruits
de fa maifon pour les mettre à change comme dit eft que de la louer
& de mettre à change l'argent qu'il tireroit de demi terme en demi
terme de fon Locataire. Parce que baillât à change les 7000 £ elles reuiendroyēt au bout defdites 9 annees à 14386 £ 1 ß 1 ß &
baillât auffi à change les 500 £ elles ne reuiendroyēt qu'à 12520
13 ß 1 ß à laquelle fomme adiouftant les 500 £ du dernier demi
terme feroyent 13020 £ 13 ß 1 ß de forte qu'il y auroit profit
pour ledit Proprietaire de 1365 £ 18 ß

Demande d'vne vente de maifon à deux conditions.

VN Proprietaire veut vendre fa maifon à l'vne des deux conditions qui enfuiuent:La premiere 16000 £ contant.La feconde 21000 £ fçauoir eft 6000 £ contât & les 15000 £ reftantes à payer dans 5 ans à fçauoir 3000 £ par an. L'achepteur auant
que faire aucun accord auec fon vēdeur veut faire fon calcul comme enfuit, prenant 1000 £ des 16000 £ de la premiere condition prefuppofant de les bailler à change pour 6 ans à raifon de 10
pour 100 par an en laiffant le change d'année en année auec fa
fomme principale pour fçauoir au bout defdites 6 années com-
en on luy deura : & auffi de mettre à change les 3000 £ proue-

nantes des 15000 ℔ de la seconde côdition les baillant à 10 pour
100 année pour année iusques au bout des cinq années, en laissant
le change de chacune année auec sa somme principale pour sçauoir
combien luy sera deu au bout des cinq années, pour apres confron-
ter son prouenu auec celuy des 10000 ℔ pour voir lequel montera le plus à celle fin que ledit achepteur se regle de prendre l'vne
des deux conditions. Or pour pratiquer ceste demande faut premierement faire le calcul pour 6 ans des 10000 ℔ à 10 pour 100
par an en laissant tousiours le change année pour année auec sa somme principale. Pour ce faire faut prendre la dixieme des 10000 ℔
au plus bref en coupant la derniere figure & les restantes serôt 1000
℔ pour le change qu'il faut adiouster auec les 10000 ℔ & seront
11000 pour la premiere année & ainsi faut continuer d'année en
année iusques au bout des six années, & on trouuera qu'il sera deu
17715 ℔ 12 ß 2 ß qu'il faut laisser à part pour la premiere condition
pour faire le calcul à 10 pour 100 des 3000 ℔ procedentes de la seconde côdition & en viendra 300 ℔ pour le change de la premiere
année qu'il faut adiouster auec les 3000 ℔ & serôt 3300 ℔ ausquelles faut adiouster 3000 ℔ & serôt en tout 6300 ℔ pour la secôde année à laquelle somme faut aussi adiouster ledit châge, & ainsi continuant d'année en année iusques au bout des cinq années qu'on trouuera qu'il sera deu 20146 ℔ 16 ß 7 ß qui est pour la secôde condition, & du calcul des 10000 ℔ de la premiere condition il ne
seroit deu que 17715 ℔ 12 ß 2 ß. Tellement que l'achepteur feroit mieux son profit d'achepter ladite maison à la premiere condition qu'à la secôde. Car on trouuera qu'en soubstrayant les 17715 ℔
12 ß 2 ß des 20146 ℔ 16 ß 7 ß en restera 2431 ℔ 4 ß 5 ß
qui est le profit dudit achepteur.

*Demande pour raison d'vne somme d'argent auancée à vn Proprietaire sur les
louages de sa maison auec conditions.*

VN Locataire tient vne maison à 249 ℔ de louage par an à
yen 124 ℔ 10 ß tous les demis termes à sçauoir à N   & à la

Sainct Iean.Son Proprietaire luy dit qu'il luy auáce 1 0 0 0 £ fur le‍s
louages, & qu'il luy tiendra compte de l'intereft au $ 12 qui eft 8 &
$\frac{1}{3}$ pour 1 0 0 par an. Et en cefte raifon ledit Locataire veut fçauoir
pour combien d'années iuftement ledit Proprietaire luy doit paffer
louage pour confumer en louages lefdites 1 0 0 0 £ auec fes inte-
refts.Pour pratiquer cefte demãde faut fuppofer que le Locataire a-
uance les 1 0 0 0 £ à fon Proprietaire à la Sainct Iean 84 lors qu'il
recommence fon louage en faifant le calcul de la fomme principale
auec fon intereft de demi terme en demi terme à 8 & $\frac{1}{3}$ pour 1 0 0
par an qui font 4 & $\frac{1}{6}$ pour 1 0 0 pour la demie année en rabatant
à tous les demis termes les 1 2 4 £ 1 0 $ que ledit Locataire deuroit
à fon Proprietaire.Or pour ce faire faut prendre premieremēt la fixieme defdites 1 0 0 0 £ & le quart du produit du fixieme en rayant
le produit dudit fixieme & dudit quart en viendra 41 £ 13 $ 4 $
pour l'intereft du premier demi terme qui eft de Sainct Iean à Noel
lequel intereft faut adioufter auec les 1 0 0 0 £ & feront 1041 £
13 $ 4 $ de laquelle fomme faut foubftraire les 1 2 4 £ 1 0 $ du-
dit demi terme & reftera 9 1 7 £ 3 $ 4 $ que ledit Proprietaire
deuroit à fon Locataire à Noel 84 ainfi continuant de demi terme en demi terme iufques à tant qu'on trouuera q̃ le Proprietaire ne
doiue riẽ à fon Locataire: ce qui ne peut aduenir. Toutesfois en faifant ledit calcul on trouuera qu'à la Sainct Iean 89 le Proprietaire ne
deuroit à fon Locataire:que 1 2 2 £ 5 $ 6 $ & le Locataire luy deuroit les 1 2 4 £ 1 0 $ du dernier demi terme: dont rabattant les
1 2 2 £ 5 $ 6 $ des 1 2 4 £ 1 0 $ reftera 2 £ 4 $ 6 $ que ledit
Locataire luy deuroit à la Sainct Iean 89 qui feront iuftemēt 5 années
qu'il deuroit demeurer en ladite maifon.Par ainfi faut que ledit Proprietaire luy paffe louage pour 5 années cõmençant à la Sainct Iean
84 finiffant à ladite Sainct Iean 89 & qu'audit tẽps ledit Locataire
lui paye les 2 £ 4 $ 6 $ & demeureront quittes l'vn à l'autre. En ce
faifant ladite maifon n'aura coufté de louage que 1 0 0 2 £ 4 $ 6 $.
De forte qu'il eft apparent qu'il y aura profit pour ledit Locataire.
… ur le fçauoir ne faut que multiplier par 5 années les 2 4 9 £ du
louag… vne année & du produit en viendra 1 2 4 5 £ qui eft la valeur

leur du louage pour 5 années de laquelle somme faut soubstraire les
1002 £ 4 ß 6 ſ & en restera 242 £ 15 ß 6 ſ & autant profi-
teroit ledit Locataire. Or pour ſçauoir à combien par an reuiendra
le louage audit Locataire ne faut que prendre le quint des 1002 £
4 ß 6 ſ & en viendra 200 £ 8 ß & enuiron 11 ſ par an.

Demande d'auancer argent auec condition pour cinq annees ſur vn
louage de maiſon.

VN Proprietaire loue ſa maiſon 80 $\overset{*}{\triangledown}$ par an & vne aulne de
velours eualué à 4 $\overset{*}{\triangledown}$ l'aulne à payer 40 $\overset{*}{\triangledown}$ tous les demis termes
qui ſont de 6 en 6 mois & ladite aulne de velours au bout de l'an-
nee. Le Proprietaire dit à ſon Locataire que s'il luy veut auancer les
louages pour cinq annees qui ſeront 400 $\overset{*}{\triangledown}$ & 20 $\overset{*}{\triangledown}$ pour la valeur
des aulnes de velours: qu'il luy fera l'eſcompte à raiſon de 12 pour
100 par an. La demande eſt de ſçauoir combien ledit Locataire luy
doibt auancer tant pour l'auance deſdites cinq annees que pour l'a-
uance dudit velours. Pour pratiquer ceſte demande il ſe faut ſeruir
de 10 regles de trois, & faut noter que le produit de la premiere ſer-
uira de troiſieme nombre à la ſeconde, & ainſi continuant iuſques à
la dixieme: laquelle premiere regle de trois faut former ainſi, Sy
106 $\overset{*}{\triangledown}$ ne reuiennent qu'à 100 $\overset{*}{\triangledown}$ à combien reuiendront 40 $\overset{*}{\triangledown}$.
En pratiquant ceſte regle ſuiuant ſon ſtile, iuſques à la dixieme, on
trouuera que de la premiere regle en viendra 37 $\overset{*}{\triangledown}$ 14 ß 8 ſ d'or.
De la ſeconde 35 $\overset{*}{\triangledown}$ 11 ß 11 ſ　De la troiſieme 33 $\overset{*}{\triangledown}$ 11 ß
8 ſ. De la quatrieme 31 $\overset{*}{\triangledown}$ 13 ß 7 ſ. De la cinquieme 29 $\overset{*}{\triangledown}$ 17 ß
8 ſ.　De la ſixieme 28 $\overset{*}{\triangledown}$ 3 ß 10 ſ. De la ſeptieme 26 $\overset{*}{\triangledown}$ 11 ß
11 ſ.　De la huictieme 25 $\overset{*}{\triangledown}$ 1 ß 9 ſ.　De la neufuieme 23 $\overset{*}{\triangledown}$
13 ß 4 ſ. Et de la dixieme 22 $\overset{*}{\triangledown}$ 6 ß 7 ſ d'or, tous leſquels produits deſdites 10 regles faut adiouſter enſemble, & en viedra 294 $\overset{*}{\triangledown}$
6 ß 11 ſ d'or leſquels 6 ß 11 ſ d'or valent 20 ß 9 ſ ꝼ qu'il faut
mettre apres leſdits 294 $\overset{*}{\triangledown}$, & ſeront 294 $\overset{*}{\triangledown}$ 20 ß 9 ſ ꝼ que ledit
Locataire deburoit bailler à ſon Proprietaire pour l'an　ꝗ̃s

400 ✱ lesquels 294 ✱ 20 ß 9 ʃ ꝺ faut laisser à part pour la premiere condition, & venir à faire l'escompte des 20 ✱ valeur des 5 aulnes de velours faisant cinq reigles de trois dont le produit de la premiere seruira pour troisieme nombre à la seconde ainsi continuant iusques à la cinquieme: dont la premiere se doibt former ainsi Sy 112 ✱ ne reuiennent qu'à 100 ✱ à combien reuiendront 4 ✱. Pratiquant ceste regle suiuant son stile il en viendra de la premiere. 3 ✱ 11 ß 5 ʃ d'or De la seconde 3 ✱ 3 ß 9 ʃ. De la troisieme 2 ✱ 16 ß 11 ʃ. De la quatrieme 2 ✱ 10 ß 9 ʃ. Et de la cinquieme 2 ✱ 5 ß 4 ʃ d'or. Lesquels produits faut adiouster ensemble & feront 14 ✱ 8 ß 2 ʃ d'or, lesquels 8 ß 2 ʃ d'or valent 24 ß 6 ʃ ꝺ qu'il faut mettre apres les 14 ✱ & feront 14 ✱ 24 ß 6 ʃ ꝺ qui est pour l'auance des 20 ✱ valeur desdites 5 aulnes velours. Laquelle somme faut adiouster auec les 294 ✱ 20 ß 9 ʃ ꝺ du prouenu des 400 ✱ & en viendra 308 ✱ 45 ß 3 ʃ ꝺ que ledit Locataire doibt auancer à son Proprietaire. Tellement qu'il est apparent que ledit Locataire proffitera 111 ✱ 14 ß 9 ʃ ꝺ, & debura demeurer en la maison 5 annees. Or pour sçauoir à present à combien reuiendra le louage de chacune annee ne faut que prendre la cinquieme des 308 ✱ 45 ß 3 ʃ ꝺ & en viendra 61 ✱ 45 ß & $\frac{3}{5}$ de ʃ par an.

Autre demande d'vn louage de maison auec condition.

VN Proprietaire loue sa maison pour 6 ans à 200 ✱ par an, qui font 1200 ✱ pour lesdits 6 ans à condition que son locataire luy auancera ladite somme en luy rabattant 210 ✱ dont le restant sera 990 ✱ que le Proprietaire doibt receuoir coimptant. Or il aduient que le Locataire n'ayant demeuré en ladite maison que deux annees accorde auec son Proprietaire qu'il luy rende ce qui luy appartient pour les 4 annees restantes suyuant la susdite condition. La demande est de sçauoir combien le Proprietaire luy doibt rendre. Pour ce faire faut prendre les deux tiers de 210 ✱ & en viendra ✱ qu'il faut soubstraire de 800 ✱ valeur du louage des

4 annees, & restera 660 ✳ que ledit Proprietaire doibt rendre à ſon Locataire.

Demande pour faire le calcul d'vn Bouleuard d'vne
fortification.

PRESVPPOSANT qu'vn Bouleuart d'vne fortereſſe ayant eſté toiſé par vn maiſtre maſſon, lequel fait ſon rapport qu'il tient aſſauoir 50 toiſes 4 pieds 6 poulces en longueur, 7 toiſes 5 pieds 4 poulces en hauteur, & 1 toiſe 4 pieds 6 poulces 9 lignes d'eſpeſſeur. La demande eſt de ſçauoir combien ſont en tout de toiſes maſſiues. La toiſe de 6 pieds de Roy, le pied de 12 poulces, & le poulce de 12 lignes. Ladite toiſe en hauteur & longueur vaut 36 pieds : & maſſiue vaut 216 pieds. Pour pratiquer ceſte demande faut multiplier leſdites 50 toiſes 4 pieds 6 poulces de longueur par les 7 toiſes de la hauteur cōmençant aux 6 poulces venant aux 4 pieds & aux 50 toiſes : puis pour les 5 pieds 4 poulces, faut prendre pour leſdits 5 pieds la moitié & le tiers deſdites 50 toiſes 4 pieds 6 poulces, & pour les 4 poulces faut prendre la ſixieme du produit dudit tiers, en apres faut adiouſter tous ces produits enſemble, & en viendra 400 toiſes 2 pieds & 2 poulces pour ladite longueur & hauteur dudit Bouleuart qui eſt de 1 toiſe 4 pieds 6 poulces 9 lignes d'eſpeſſeur. Or pour ſçauoir combien il tiendra de maſſif, faut laiſſer leſdites 400 toiſes 2 pieds 2 poulces en ſo entier, pour raiſon de ladite toiſe, & pour les 4 pieds 6 poulces 9 lignes : d'auantage à ladite toiſe faut prendre la moitié deſdites 400 toiſes 2 pieds 2 poulces, le tiers de la moitié, la moitié du tiers, & la huictieme de ladite moitié, puis adiouſter tous ces produits enſemble, & il en viendra 704 toiſes 4 pieds 9 poulces 9 lignes & autant tiendra ledit Bouleuart de toiſes maſſiues. Suyuant ceſte inſtruction on trouuera l'exemple figuré & pratiqué cy apres tant pour le carré que pour le maſſif auec ſa reſponſe.

AA

Exemple du carré.

$\frac{1}{2}$ $\frac{1}{3}$ 5 0 toiſes 4 pieds 6 poulces

            7 toiſes 5 pieds 4 poulces
____

     3 5 5 toiſes 1 pied 6 poulces

     2 5 toiſes 2 pieds 3 poulces

$\frac{5}{6}$ 1 6 toiſes 5 pieds 6 poulces

     2 toiſes 4 pieds 11 poulces
____

Reſp.   4 0 0 toiſes 2 pieds 2 poulces en carré à 1 toiſe 4 pieds

            6 poulces 9 lignes d'eſpeſſeur

            combien maſſif.

Exemple du maſſif.

4 0 0 toiſes 2 pieds 2 poulces

2 0 0 toiſes 1 pied 1 poulce

6 6 toiſes 4 pieds 4 poulces 4 lignes

3 3 toiſes 2 pieds 2 poulces 2 lignes

4 toiſes 1 pied 0 poulces 3 lignes $\frac{1}{8}$
____

Reſp. 7 0 4 toiſes 4 pieds 9 poulces 9 lignes maſſiues.

Reſponſe. Ledit Bouleuart du toiſage ſuſdit contient 7 0 4 toiſes 4 pieds 9 poulces 9 lignes toiſes maſſiues. Dont pour ſçauoir combien vaudra la façon dudit Bouleuart à 14 ₤ 15 ß la toiſe maſſiue: faut multiplier les 7 0 4 toiſes par les 14 ₤, & pour les 15 ß prendre la moitié & le quart deſdites toiſes, & pour les 4 pieds 9 poulces 9 lignes faut prendre la moitié des 14 ₤ 15 ß & le tiers de la moitié, puis la moitié du tiers, & la moitié de la moitié dudit tiers, & le quart de la derniere moitié. Puis adiouſter tous ces produits enſemble & il en viendra 10395 ₤ 16 ß 7 ß pour la valeur de la façon dudit Bouleuart.

Demande pour faire le calcul du reuenu des maiſons d'vn Gentil-home.

VN Gentil-home à Lyon tire de rente de ſes maiſons 1000 ₤ par an.à ſçauoir 500 ₤ de 6 en 6 mois & faict accord auec vn

                             marchand

marchand qu'il receura lefdites rentes, & qu'ainſi qu'il les receura il
luy en fera profit à raiſon du denier 24 de 6 en 6 mois qui eſt 4 &⅙
pour 100 en adiouſtant touſiours les profits auec les ſommes prin
cipales pour les faire profiter à la raiſon dite. Ledit Gentil-homme
par curioſité veut ſçauoir en combien de temps leſdits reuenus auec
leurs intereſts reuiendront iuſtement à la ſomme de 10000 ☿. Or
pour ce faire au bref faut premierement faire le calcul des 500 ☿
des premiers 6 mois en prenant le ſixieme, & le quart du ſixieme
effaçant ledit ſixieme, & du quart en viendra 20 ☿ 16 ß 8 ʓ
pour le change de 6 mois qu'il faut adiouſter auec les 500 ☿ & encores y adiouſter les 500 ☿ des autres 6 mois qui feront en tout
1020 ☿ 16 ß 8 ʓ d'or Ainſi faut cõtinuer de faire ledit calcul de 6
en 6 mois iuſques au bout de 7 ans qu'on trouuera 9636 ☿ 13 ß 8 ʓ
d'or dont ledit marchand ſeroit debiteur audit Gentil-homme. Or
par ce qu'il ne ſ'en faut que 363 ☿ 6 ß 4 ʓ d'or qu'il ne doiue les
10000 ☿ que ledit Gentil-homme voudroit auoir iuſtemẽt n'eſt
beſoin que ledit marchand prenne les 500 ☿ du reuenu qui eſt eſ-
cheu audit temps par ce qu'il ſe trouueroit debiteur de plus que de
10000 ☿. Or donques ladite rente retourne audit Gentil-homme
lequel veut ſçauoir pour combien de temps il laiſſera audit marchand ladite ſomme de 9636 ☿ 13 ß 8 ʓ pour gagner les 363 ☿
6 ß 4 ʓ qu'il s'en faut du compliment deſdits 10000 ☿. Pour
ce faire faut ſe ſeruir de deux regles de trois dont la premiere ſe couche en ceſte ſorte. Sy 100 ☿ gagnent les 4 ☿ ⅙ cõbien les 9636 ☿
13 ß 6 ʓ. Pratiquant ceſte regle ſuiuant ſon ſtile ce qui ſe peut
faire au bref en multipliant par 4 & ⅙ & partiſſant par 100 en coupant les deux figures dernieres, en viendra 401 ☿ 10 ß 7 ʓ d'or
qu'il faut faire ſeruir à la ſecũde regle de trois diſant. Sy 401 ☿ 10 ß
7 ʓ donnent 6 mois combien les 363 ☿ 6 ß 4 ʓ. Pratiquant ceſte regle ſuiuant ſon ſtile on trouuera iuſtement 5 mois 12 iours
quelque peu dauantage qui ſera le temps que les 9636 ☿ 13 ß 8 ʓ
demeureront à gagner les 363 ☿ 6 ß 4 ʓ reſtans pour faire ledit
compliment des 10000 ☿. Tellemẽt que ledit marchand deu
audit Gentil-homme les 10000 ☿ au bout de 7 annéſ 5 mois

12 iours. Or il eſt à noter que ceſte demande cy procede du ſubiet de la demande des douze cens mil eſcus preſtés à vn Roy. Toutesfois pour la rendre plus facile & ne faire vn renuoy ie propoſe ſon inſtruction. Doncques ami lecteur il eſt à côſiderer que quelques demandes & regles qui te pourront eſtre propoſées, ſi tu as eſté curieux d'eſtudier en ceſte mienne Arithmetique tu en pourras donner ample raiſon. Car ie n'ay rien obmis de ce qui appartient à l'vſage de l'Arithmetique delaquelle les regles dependent l'vne de l'autre.

FIN.

Acheué d'Imprimer le premier iour de Septembre

1 5 8 5

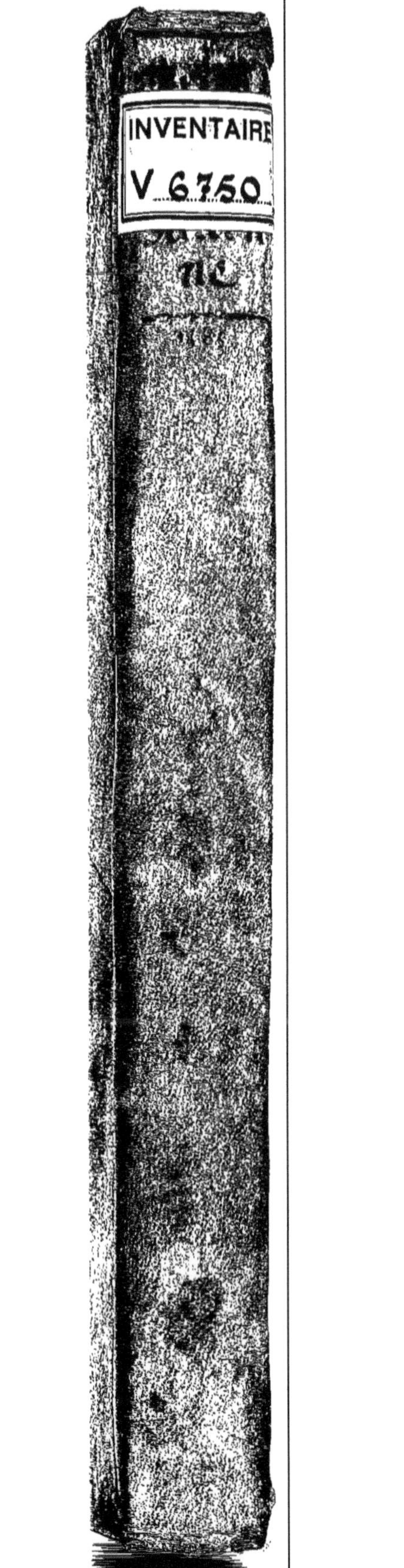
INVENTAIRE
V 6750
INVENTAIRE
V 6750

9 782013 681520